My Favorite things

_일러두기

이 책의 외래어 표기는 국립국어원의 외래어 표기법을 준용했으며,
일부 브랜드 및 상품의 명칭은 수입처에서 정한 표기나 관용적 표기를 따랐다.

서은영이
사랑하는 101 가지

이 책을 왜 썼냐고 물으신다면…


그저 내가 좋아하는 것을 즐비하게 늘어놓으며 자랑하려는 의도는 아니었다. 많은 브랜드를 안다고 잘난 척하고 싶은 마음 또한 아니었다. 내가 사랑하는 101가지는 고가의 물건부터 가격이 눈물 나게 아름다운 저가의 물건까지 다양하다. 내가 말하고 싶은 것은 그저 브랜드에 대해서가 아니라 그 브랜드에 담긴 마음과 열정, 그리고 그것이 만들어 낸 '스타일'에 관해서다.

나는 어렸을 적부터 가수건 노래건 누구 한 사람, 어느 한 곡만을 좋아한 적은 없었다. 가는 목소리로 '단발머리'를 열창하는 조용필이 좋고, 사람의 심금을 울리며 '백만 송이 장미'를 부르는 심수봉이 좋고, 언제나 최선을 다해 새로운 것에 도전하는 '10 MINUTES'의 이효리가 좋고, 엉덩이가 같이 실룩거려지는 '아브라카다브라'의 브아걸이 좋다. 또한 신비한 세계로 이끌어 줄 것 같은 림스키 코르사코프의 '세헤라자데'가 좋고, 숨이 막힐 것 같이 섬세하고 열정적인 라흐마니노프의 '피아노 협주곡 3번'이 좋고, 사랑을 음미하는 카에타노 벨로소의 '쿠쿠루 쿠쿠 팔로마'가 좋고, 마음에 눈물이 스며들 정도로 따뜻한 배리 매닐로의 'Can't Smile Without You'가 좋다.

각각의 노래에 따라 내가 웃고 울고 감동하며 사랑하는 것처럼, 나는 프라다의 드레스를 입고 사랑을 하고, 티볼리 라디오를 들으며 아련한 추억을 흥얼거리고, 샤넬 백을 들고 예쁜 척도 하며, 테이트 모던 미술관에서 감성을 배우고, 마비스 치약과 함께 즐거운 여행을 한다. 단지 패션만이 아니다. 나는 영화와 책, 음악,

음식, 사진 등 세상의 모든 것에서 즐거움을 발견하고 열정을 느끼며 나 자신을 찾는다.

사치를 하라는 것이 아니다. 탐욕을 부리라는 것이 아니다. 더군다나 집착하라는 것 또한 아니다. 개인의 취향은 언제나 바뀔 수 있고 좋아하는 것 또한 변할 수 있다. 내가 말하고 싶은 것은 항상 아름다운 것들을 보고 느끼고, 그것과 더불어 생활하라는 것이다. 그러는 사이 우리의 마음은 기쁨과 행복으로 가득 채워진다. 행복한 마음이 생길 때 비로소 내가 좋아하는 것을 주고 싶고, 내게 소중한 것을 사랑하는 사람들과 같이 나누고 싶어진다.

좋은 사람을 만나고, 좋은 음식을 먹고, 좋은 세상을 경험하기 위해 눈과 마음을 열고 노력하는 사람이야말로 '좋은 삶'을 위해 최선을 다할 수 있다. 나 자신이 아니라면 대체 누가 세상의 아름답고 좋은 것들을 가져와 내 눈과 마음과 감각을 호사시켜 주겠는가. 자신을 위해 그렇게 열심히 일하고, 가꾸고, 사랑할 때야말로 가장 담담하고 아름답고 여유롭게 세상을 대할 수 있으리라. 말이 거창해졌지만, 모든 것은 한순간의 선택에서 시작된다. 그 한순간의 모든 것들이 쌓여 나만의 스타일이 있는 인생을 만들어 갈 수 있기에, '서은영이 사랑하는 101가지'를 말하게 되었다.

2010년 3월 아름답게 눈 내리는 봄날 아침

서 은 영

친애하는 은영에게

은영 씨의 새 책에 축하를 전할 수 있게 돼 너무 뿌듯해요. 기자로서, 스타일리스트로서 많은 경험과 굉장한 성취를 쌓아 온 은영 씨가 암살라의 디자인에 관심을 가져준 것 또한 굉장한 영광입니다. 암살라 드레스에 대해 이처럼 따뜻한 찬사를 만나다니 무척 고맙고, 계속해서 내가 가진 비전을 실현해 나가야겠다는 의지가 솟아요.
은영 씨의 새 책이 엄청난 성공을 거두길 기원할게요. 서은영만의 영민한 감각과 직관이 담긴 이 책이 패션과 스타일을 다룬 많은 책들 가운데서도 단연 사랑받는 고전이 될 것이라 믿어 의심치 않습니다.

암살라 아베라
(디자이너 | 암살라 디자인 그룹 대표)


Dear Bettie

I am so proud to be included in your new book. To be recognized by you, with your tremendous body of experience and accomplishments as a journalist and as a fashion and style consultant, is a tremendous honor for me.
Thank you for your kind words about me and my designs. Your comments encourage me to continue to follow my vision. I wish you success with your book. I have no doubt that with the valuable and useful insight it provides, it will become a classic reference for fashion and style.

Sincerely,
Amsale

얼마 전 비행기 안에서 은영이를 우연히 만났다. 나는 은영의 옆으로 자리를 옮겨서 알콩달콩 수다를 떨다가 잠이 들었다. 한참 후 설핏 잠에서 깼는데, 옆 자리의 은영이는 노트북을 꺼내 놓고 검은 뿔테 안경을 쓴 채 한참 글쓰기에 열중하고 있었다. 그때 그런 생각이 들었다. '참 예쁘다~.' 오랫동안 은영이를 알아 왔지만, 이제껏 내가 본 모습 중에 가장 자유로워 보이는 순간이었달까.

은영이는 참 재주가 많다. 능력 있는 에디터이자 컨설턴트요, 스타들이 먼저 찾는 스타일리스트요, 이제는 〈올리브 쇼〉의 살가운 진행자이기도 하다. 거기다 글도 잘 쓰는 베스트셀러 작가인데, 내 생각에는 배우를 해도 잘할 것 같다. 이렇게 재주가 많은 서은영의 세 번째 책이 나온다니, 우리 다 같이 사서 읽어 봐야 하지 않을까?

은영아, 축하해!

김재현
(디자이너 | 쟈뎅 드 슈에뜨 대표)

# Contents

# Contents

libreria
1° piano

bookstore
1st floor

GALLERIA

CARLA

SOZZANI

SON
MARGIELA
artisanal

# 10 꼬르소 꼬모 밀라노

10 Corso Como Milano

복합 문화 공간

나의 홈페이지에 들어가면 '내가 사랑하는 곳'이라는 폴더가 있다. 그곳엔 내가
진정으로 사랑하는 세상의 구석구석에 대하여 쓴 글들이 모여 있다. 그중에서도
내가 가장 사랑하는 장소가 있으니, 바로 밀라노에 있는 10 꼬르소 꼬모의 서점
으로 올라가는 계단이다.

화려한 멀티숍은 대부분 매우 모던하거나 현대적인 공간에 있지만 10 꼬르소 꼬
모는 무엇인가 다르다. 동굴 같은 입구에 들어서면 담쟁이넝쿨이 드리워진 저택
과 예쁜 정원이 나오는데, 그 모습이 마치 베로나에 있는 줄리엣의 집처럼 사랑
스럽다. 일층에는 패션 아이템과 화장품을 판매하는 멀티숍과 레스토랑, 카페가
있다. 그 카페 안쪽에 서점과 전시장이 있는 이층으로 올라가는 작은 계단이 있
는데, 이 공간이 나는 너무나도 사랑스럽다. 화려하지 않으면서도 세련되고, 아
담하면서도 존재감이 있는 그런 작은 계단이다. 이 계단을 따라 이층으로 올라
가는 벽면에는 언제나 그 달의 전시회 일정이 페인팅되어 있는데 그게 또 감각적
이다.

작고 사랑스럽고 비밀스러운 저택을 구석구석 돌아다니다 보면 마치 보물찾기

놀이를 하는 것 같다. 일층 멀티숍에 들어가면 프라다, 꼼데가르송, 마르탱 마르지엘라 등의 의상이 있고, 안쪽으로 들어가면 디디에 루도의 빈티지 의상과 앤티크 주얼리를 발견한다. 그리고 다시 오른쪽으로 돌아 들어가면 세련된 감각의 화장품과 식기, 문구 들이 각각의 자리에서 빛을 내고 있다.

내가 사랑하는 '비밀스러운 계단'을 올라가면 오른쪽으로는 전시장이, 왼쪽으로는 서점으로 들어가는 입구가 나오게 된다. 전시장은 대체적으로 패션 사진 작가, 패션 디자이너, 현대 미술 작가, 예술 사진 작가들의 전시를 연다. 나는 이곳에서 여러 사진전, 쿠레주 전, 마르탱 마르지엘라 전 등을 보았는데 그중 가장 인상적이었던 것은 바로 마르탱 마르지엘라의 전시회였다.

파트리크 쥐스킨트만큼 자신의 모습을 드러내지 않으며 베일에 싸여 있는 디자이너 마르탱 마르지엘라의 전시답게 극도로 감각적이고 아방가르드하며 독창적이었다. 종이 슬라이드가 전시장 가득히 내려져 있고 뒤쪽에는 조명이 비치고 있어 슬라이드 앞의 물건이 그림자로 보인다. 그림자는 마치 그림자 놀이를 하는 것처럼 매우 독특하게 비춰지는데, 슬라이드 뒤로 돌아서면 단지 장갑을 여러 개 꽂아 놓은 바디(옷을 가봉할 때 사용하는, 천으로 된 몸통 마네킹)나 바람이 잔뜩 들어간 고무장갑이 놓여 있는 유니크한 전시회였다.

멋진 전시로 모든 세포에 겹겹이 흥분이 쌓이면 서점으로 슬슬 들어간다. 그러면

『알리바바와 40인의 도적』의 동굴처럼 세상의 재미있는 모든 예술 서적과 패션 서적이 아기자기하게 놓여 있다. 햇살이 예쁘게 들어오는 창가에는 장뤽 고다르나 페데리코 펠리니의 DVD나 CD가 놓여 있다. 그렇게 구석구석을 돌다 보면 어느새 시간이 훌쩍 지나 마치 4차원의 세계에 다녀온 듯한 기분이 든다. 이것이 바로 10 꼬르소 꼬모 주인인 카를라 소차니의 의도된 계획이다. 갤러리스트이자 출판인인 카를라 소차니가 오픈한 10 꼬르소 꼬모는 전 세계의 패션, 예술, 음악, 디자인, 음식 등을 즐길 수 있는 복합 문화 공간이다. 지금은 이런 다기능 공간이 많이 생겨났지만, 10 꼬르소 꼬모는 쇼핑과 감각을 천천히 즐기자는 '슬로 쇼핑'의 첫 번째 콘셉트 스토어인 셈이다. 그런 이유로 나는 10 꼬르소 꼬모에만 들어가면 정신 줄을 놓고 그 비밀스러운 저택에 빠져 버리곤 한다.

# 2

# 3.1 필립 림 이니셜즈

3.1 Phillip Lim Initials

란제리

레이스로 만들어진 발랑발랑한 속옷을 즐겨 입지만 때때로 건강한 여자아이 같은 속옷을 입고 싶을 때가 있다. 그것은 단지 사랑하는 남자를 위한 것이 아닌 완전한 자기만족으로, 밝고 건강하고 독립적인 여자이고 싶을 때, 조금 더 구체적으로 설명하자면 롱아일랜드의 저택에서 살며 바닷가에서 승마를 즐기며 폴로 셔츠에 진주 귀고리를 하는 리즈 위더스푼 스타일(물론 남자친구는 제이크 질렌홀!)이 되고 싶을 때, 나는 레이스 대신 심플하며 세련된 속옷을 선택한다. 그렇다고 너무 "나 건강한 여자에요"라고 말하는 것 같은 캘빈 클라인 면 소재 속옷은 아니다. 여자는 부드러운 속옷을 입어 주어야만 한다는 것이 나의 룰이다.

필립 림과 파티 석상에서 함께 자리한 적이 있는데 그는 참으로 선하고 부드러운 남자였다. 그런 남자가 만드는 란제리답게 '이니셜즈' 라인은 건강하면서도 여성스러운 감성을 지녔다.

롤리팝처럼 달콤한 레몬 옐로우, 로즈 핑크, 누드 베이지 색상으로 된 브래지어와 팬티를 입으면 말 그대로 새콤달콤한 소녀가 될 것 같다. 가슴이 수줍게 보이는 브래지어와 엉덩이가 복숭아 반쪽처럼 보이는 사각 브리프는 샤르뫼즈 실크

(한쪽이 부드럽고 광이 나는 실크)로 만들어져 발랄하면서도 고급스럽다. 전체적인 디자인은 매우 심플하나 스캘럽 트리밍(끝단이 둥근 조개 모양처럼 된 자수)이나 망사 트리밍, 리본 장식 등이 매우 소녀적이면서 노스탤직한 느낌을 준다. 필립 림이 자신의 란제리 라인 이름을 '이니셜즈'라고 붙인 이유도 바로 속옷에 자신의 이니셜을 수놓았던 시절에 대한 향수를 표현하기 위해서라고 한다. 이니셜즈 라인의 스위트한 란제리 외에, '집에서 즐기는 베이케이션'이라는 의미의 '스테이케이션' 콘셉트가 잘 드러나는 라운지웨어는 또 다른 나의 페이버릿이다. 그중에서도 도트 패턴이나 망사가 덧대어진 검정 미니 원피스는 역시 샤르뫼즈 실크로 만들어져 길이가 긴 니트 카디건과 레이어링해서 입으면 마치 예쁜 미니 드레스처럼 보여 란제리 룩을 연출하기에 그만이다.

3.1 필립 림 매장에서 속옷을 구입하기 위해 열중하는 내게 동행한 메이크업 아티스트 손대식이 말한다. "이런 거 입으면 남자가 안 좋아해." 물론 남자들이 레이스 소재나 섹시한 스타일의 속옷을 좋아하기는 하지만 그가 모르는 사실이 있다. 때때로 여자는 남자의 품에서 벗어나 자기만의 세상을 꿈꾸고 싶을 때가 있다는 것을.

# 3

# 갭
Gap

스트라이프 티셔츠 · 니트


나의 스트라이프 티셔츠 사랑은 너무나도 오래되었기 때문에 이제 어디에서 말하기도 민망할 지경이다. 심지어 스트라이프 티셔츠를 입은 날 사람들은 내가 스트라이프 협회 회장도 아닌데 꼭 말한다. "실장님, 저 오늘 스트라이프 티셔츠 입었어요~." 그럼 나는 겸연쩍게 칭찬해 주곤 한다. "예쁘네~"라고.

내가 가지고 있는 스트라이프 티셔츠는 총 서른 개 정도에 달한다. 그중에는 니스의 모노프리에서 구입한 보트넥의 빨간 스트라이프 티셔츠도 있고, 생제임스에서 구입한 전형적인 마린 스타일 스트라이프 니트나 티셔츠, 랄프 로렌의 스트라이프 티셔츠와 니트도 있다. 그리고 아베크롬비의 캐주얼한 스트라이프 티셔츠, 프티 바토의 해군 스타일 스트라이프 니트에 이르기까지 그 브랜드와 종류, 디자인도 다양하다.

그러나 내가 그중에서 가장 즐겨 입게 되는 것은 갭의 스트라이프로 여름엔 티셔츠, 겨울엔 니트를 입는다. 사실 갭은 스트라이프 티셔츠와 니트를 가장 실용적이면서도 예쁘게 만든다. 생제임스나 프티 바토는 프랑스적인 감성이 물씬 풍기긴 하지만 약간 두께감이 있어 뚱뚱해 보인다. 또한 아베크롬비나 아메리칸 이글

CASHMERE
GAP
M
MADE IN

의 스트라이프 티셔츠는 너무 캐주얼하여 세련된 맛은 없다. 그런데 갭의 스트라이프 티셔츠는 사이즈가 적당하여 날씬하게 만들어 주는 데다 똘똘하게 생겨 아주 몸에 착착 달라붙는다. 더군다나 샤넬이나 에르메스처럼 가격이 비싸지 않으니 편하게 입을 수 있다. 그런 이유로 매 시즌 갭의 스트라이프 티셔츠나 니트를 구입하게 되는 것이다.

그리고 또 하나 갭과는 전혀 성질이 다른 스트라이프로 나의 사랑을 받는 것이 있다. 그것은 바로 꼼데가르송의 '플레이' 라인이다. 갭 스트라이프 티셔츠가 착하고 똘똘한 친구 같은 존재라면 플레이의 스트라이프 티셔츠는 유머러스한 감성과 톡톡 튀는 발랄함이 가득한 장난기 많은 친구와도 같다. 물론 꼼데가르송의 티셔츠도 편안함에 있어서는 갭 티셔츠 못지않지만, 스트라이프 두께가 갭에 비해 두껍고 가슴 한쪽에 심술궂은 표정의 하트 아이콘이 달려 있어 조금 더 트렌디하다. 플레이의 특징은 스트라이프 티셔츠임에도 불구하고 프릴 장식 등 독특한 디테일이 디자인되어 화려하기까지 하다는 것이다. 내가 꼼데가르송 플레이의 프릴 장식 스트라이프 티셔츠를 입고 나타나자 독특한 스타일을 좋아하는 나의 어머니도 바로 구입하여 지난 여름 내내 〈브루스 브라더스〉처럼 어머니와 커플룩으로 입고 다니기도 했다.

110
DENIER
MEDIUM
NYLON
TIGHTS
SOFT SUPPORT TYPE
SIMPLE SURFACE

# 4

# 구쯔시다야

Kutsushitaya

나일론 타이츠

십여 년을 넘도록 나의 다리를 알록달록 물들여 준 것이 있다. 그것은 바로 구쯔시다야 나일론 타이츠다. 구쯔시다야는 일본어로 '양말집'이라는 뜻으로 말 그대로 모든 양말과 스타킹을 취급하는 일본 브랜드이다. 요즘에야 블랙이나 네이비, 그레이 정도만 신지만, 한참 여러 가지 스타일을 시도하고 다닐 때는 스타킹도 옷이나 매니큐어 색상에 맞춰 다르게 신고 다녔다. 초록색의 매니큐어를 칠할 때는 초록색 스타킹을, 붉은색 립스틱을 칠할 때는 붉은색 스타킹을 맞춰 신고 다녔다. 때때로 〈사랑과 영혼〉의 우피 골드버그처럼 너무 색상별로 맞춰서 조금 우스꽝스럽기도 했지만, 어쨌거나 나의 스타일을 완성해 주는 키메이커 역할을 해 주었다.

십여 년 전만 해도 유럽에서조차 스타킹은 다양하지 않았다. 언제나 구할 수 있는 것은 블랙과 그레이 등 기본적인 스타킹이거나 아니면 너무 여성스러운 망사 스타킹뿐이었다. 최근에야 칼세도니아(Calzedonia) 같은 스타킹 전문 브랜드가 생겼지만 당시에는 포갈(Fogal) 정도가 유일했다. 그런데 유럽 브랜드의 경우 두께가 얇고 동양인에게는 길이가 너무 길어 피트되지 않는 것이 마치 초등학교 때

신기만 하면 줄줄 흘러내려 곤혹스럽게 했던 타이츠 같았다. 그런데 구쯔시다야의 스타킹은 입체적이어서 동양인의 체격에도 잘 맞고, 착용감이 좋다.

두 번째 장점은 두께가 다양하는 점이다. 내가 스타킹을 신을 때 가장 주의하는 것은 두께다. 너무 얇은 것을 신으면 종아리 부분이 얇아져 살이 비치는데, 이 때문에 다리가 두껍게 보이게 된다. 그래서 언제나 두께감이 있는 스타킹을 선호하지만 대체적으로 50데니아 이상의 두께를 찾기가 힘들다. 그러나 구쯔시다야는 30, 60, 70, 80, 110데니아 별로 제품을 갖추고 있어, 성숙한 스타일을 선호하는 사람은 30데니아를, 트렌디한 스타일을 선호하는 사람은 110데니아를 선택할 수 있을 만큼 다양하다. 나는 가을, 겨울에는 80데니아나 110데니아까지 신는다.

세 번째 장점은 다양한 색상이다. 블랙과 그레이는 물론 블루만 해도 밝은 블루부터 짙은 블루, 네이비에 이르기까지 색색가지 다 모였다. 그중에서도 내가 가장 좋아하는 것은 짙은 그린과 퍼플로 블랙이나 그레이 의상에 포인트를 주고 싶을 때 즐겨 착용한다. 도쿄에 있는 다이칸야마 어드레스(다이칸야마 근처에 있는 유명한 주상복합 건물)이나 런던의 켄싱턴 하이 스트리트에 있는 매장에서 스타킹 외에도 발목 길이나 무릎 길이의 레깅스부터 양말, 발목 토시, 발가락 양말, 니삭스 등 정말 다양한 스타일을 발견할 수 있어 소품용으로도 많이 구입한다.

*5*

# 까르띠에
Cartier

탱크 솔로 시계


구두, 옷, 액세서리, 가방부터 보석에 이르기까지, 눈이 돌아갈 정도로 갖고 싶은 것이 많은 내가 유일하게 욕심을 내지 않는 아이템이 있다면 그것은 바로 시계이다. 참으로 이상하게도 나는 시계를 별로 좋아하지 않는다. 언제나 바쁘게 살아가야 하는 생활 때문에 시간에 얽매이고 싶지 않아서인지 아니면 흘러가는 세월을 외면하고 싶어서인지, 나는 시계에 대한 매력을 별반 못 느낀 채 살아 왔다.

어디선가 들었던 이야기로 시계는 자신의 이상형과 같다고 한다. 다시 말해 시계의 취향이 곧 자신의 이성 취향과 비슷하다는 것이다. 클래식한 시계를 좋아하는 사람은 클래식한 스타일을 좋아하고, 스포티한 시계를 좋아하는 사람은 밝고 활기찬 스타일을, 빈티지를 좋아하는 사람은 감각적인 스타일의 사람을 좋아한다. 또한 시계 하나를 꾸준히 차는 사람과 시계를 여러 개 두고 번갈아 가며 차는 사람, 시계 하나를 꾸준히 차다가 때가 되면 바꿔서 차는 사람 등 시계를 착용하는 방법과 연애하는 방식도 비슷하다는 것.

그 이야기를 듣고 내가 물었다. "그럼 시계를 안 차고 다니다 시간을 알고 싶으면 남의 시계나 벽에 걸려 있는 시계를 잠깐 보는 난 뭐야?" 이 이야기를 해 준 사람

CARTIER
SWISS MADE

나를 한동안 바라보더니 무심하게 이야기한다. "그러니까 연애할 생각도 안 하지. 멋진 남자 어쩌다 한번 슬쩍 쳐다보다 말구." 나는 한순간 다리 위에서 소리도 못 내고 비명을 지르는 뭉크의 '절규'처럼 그렇게 입만 벌리며 경악을 했다. 어쨌거나 오래전에 들은 이 이야기는 아주 틀린 이야기는 아닌 듯싶다. 내가 조금씩 사랑을 하게 되고, 연애를 하게 되면서 시계에 대한 관심이 생기기 시작한 것을 보면 말이다

연애에 관심이 없던 만큼 시계에도 무관심했던 내가 처음으로 구입한 시계가 바로 탱크 솔로 시계였다. 이 시계는 보기에도 매우 클래식하지만 그렇다고 너무 올드해 보이는 스타일은 또 아니다. 스트랩의 브라운 가죽과 옐로우 골드 스티치가 클래식하고 고급스럽게 보이지만 프레임은 매우 모던하고 심플하기 때문이다. 베젤(시계의 케이스와 유리판을 연결하는 부분) 속에 있는 다이얼은 또다시 클래식하고 감각적이지만 과하지 않다. 더군다나 다른 시계처럼 베젤이 커서 "내 시계 비싼 것이오"라며 거들먹거리는 것 같지도 않다. 모든 것이 조화롭고 세련되면서 고급스럽고 겸손해 보인다. 그러면서도 함부로 할 수 없는 위엄이 있다. 그런 이유로 까르띠에의 탱크 솔로 시계를 사랑하게 되었다. 여성용 탱크 솔로 시계 S에 비해 사이즈가 조금 더 큰 남성용 탱크 솔로 시계 L을 착용하는 나는 예전에 들었던 '시계와 이성의 상관 관계'를 떠올리곤 한다. 왜냐하면 나의 이상형과 탱크 솔로 시계 L은 너무나도 완벽하게 들어맞기 때문이다.

# 6

# 꼼데가르송

Comme des Garçons

쇼트 재킷

나의 체형은 재킷에 어울리지 않는다. 그렇다고 365일을 항상 니트 조각이나 블라우스만 입을 수는 없는 일이다. 허리가 짧고 통통하며 동글동글한 내 몸통에 잘 어울리는 재킷을 찾아내기 위해 무수히 많은 재킷에 도전했지만 번번이 어색할 뿐이었다. 맘에 드는 남자가 나타나기를 기다리다 지친 여자처럼 그렇게 내게 어울리는 재킷을 발견하는 것을 포기할 무렵, 꼼데가르송의 재킷을 만나게 되었다.

꼼데가르송 재킷은 크게 두 가지 스타일로 나뉜다. 짧고 귀엽든지 길고 아방가르드하든지. 그렇다고 안나 몰리나리나 모스키노처럼 "나 여자에요"라고 말하듯이 그렇게 귀엽다는 이야기가 아니다. 허리 포인트가 다른 재킷보다 약간 위에 있고 어깨는 좁으며, 칼라와 라펠(재킷의 칼라 아랫부분)은 작고, 소매통은 약간 넓어 소년처럼 귀엽다. 심지어 잘 만든 재킷을 과감하게 물빨래해 우글주글 주름을 낸 것처럼 털털한 느낌까지 든다. 그렇기 때문에 한껏 여성스럽고 목가적인 이사벨 마랑의 원피스나 미우미우의 블라우스와 입으면 여성스러움이 희석되어 색다른 느낌이 난다.

MERRY
CHRISTMAS
NANAN WINDOW MARKER
www.nananwindow.com

# 나난

Nanan

원도우 트리

'윈도우 아티스트'라는 단어는 몇 년 전만 해도 생소하다 못해 존재하지도 않았다. 그러던 어느 날 여기저기 창가에 동화 속 세상처럼 아름다운 그림이 등장하며 시선을 끌기 시작했다. 이것은 윈도우 아티스트 나난의 작업으로, 발표 당시 꽤나 화제를 모았다. 이후 패션 매거진의 화보나 청담동의 잘 나가는 매장은 물론 뉴욕의 핫 플레이스인 로어 이스트에 위치한 유명 멀티숍에서도 나난의 윈도우 아트를 발견할 수 있었다.

유리창에 유성 마커로 사랑스러운 그림을 그리는 윈도우 아티스트 나난을 만나면 말 그대로 유쾌한 에너지가 세포 곳곳으로 스며든다. 비버처럼 동그란 얼굴에 귀여운 목소리로 꿈을 이야기하고, 아이처럼 상상하고, 동화와 같은 세상을 그리는 나난은 그녀다운 유니크한 크리스마스 트리를 만들게 되었는데, 바로 '나난 윈도우 트리'다. "이제 환경을 생각해야만 할 때가 된 것 같아요. 크리스마스 트리를 위해 나무를 자르는 대신 사랑하는 사람과 같이 소중한 시간을 내 그림을 그리는 크리스마스 트리를 만들었어요."

유리창이 있는 곳이면 어디든지 가능하다. 아크릴 판도 좋다. 마커로 크리스마스

트리를 그리고(마음에 안 들면 물로 다시 지우고), 그림에 자신이 없으면 눈꽃 모양의 자를 대고 그리고, 비둘기와 루돌프, 솔방울 스티커를 장식으로 붙이면(마음에 안 들면 물을 적셔 다시 떼어내고 천사와 별 스티커를 붙이자)······ 세상에서 가장 소중한 나만의 크리스마스 트리가 완성된다. 눈이 오는 화이트 크리스마스를 기대하며 사랑하는 가족이나 연인과 함께 아름다운 나무를 그려 보자. 산타클로스도 즐거워 외칠 것이다. "Merry Christmas!"

# 나르시소 로드리게스

Narciso Rodriguez

블랙 드레스

오드리 헵번과 카트린 드뇌브가 세기의 여성이 될 수 있었던 것은 바로 블랙 미니 드레스를 아름답게 입었기 때문이다. 여자에게 꼭 있어야 할 아이템으로 나는 반드시 블랙 드레스를 꼽는다. 블랙 드레스는 패션의 기본 덕목이자, 여자를 가장 지적이면서도 세련되고, 관능적이면서도 클래식하게 만들어 주는 아이템이기 때문이다.

그런데 이렇게 자신에게 어울리는 꼭 필요한 존재를 찾기란 남자나 옷이나 밤하늘의 별 따기처럼 어려운 일이다. 세상에 그렇게도 많은 블랙 드레스 중에 나에게 맞는 것 하나 고르는 일이 그렇게 어려울까 생각하지만, 이 또한 평생의 인연을 만나는 것만큼 어렵다. 세상에 수많은 남자가 모두 내 것이 아닌 것처럼 블랙 드레스 또한 그러하다. 어떤 것은 내게 너무 부담스럽고, 어떤 것은 내게 너무 강하고, 어떤 것은 내게 너무 불편하며, 또 어떤 것은 금세 싫증날 것이 뻔할 정도로 매력이 없다. 그렇게 나에게 맞는 블랙 드레스를 찾아 매번 나서지만 번번이 실패했다.

짙은 네이비나 그레이 드레스를 입으며 블랙 드레스에 대한 마음을 내려 놓을 무

렵 나르시소 로드리게스의 블랙 드레스가 홀연히 내 앞에 나타났다. 그것도 시즌이 끝나가는 어느 날 아무 생각 없이 찾은 분더숍 매장에서 그렇게 나를 기다리고 있었다. 절묘하게 커팅된 네크라인은 가슴을 아름답게 살려주어 더없이 섹시하다. 몸에서 흐르는 선은 매우 타이트하지만 A라인으로 퍼지는 실루엣은 지극히 여성스럽다. 더군다나 뒤를 돌면 깊게 커팅된 부분이 아찔할 정도로 매력적이다.

나르시소 로드리게스가 만드는 옷의 매력은, 지극히 심플하지만 커팅이 절묘해 지독히 입체적이라는 점이다. 모던함과 클래식함이 탁월하게 매치된 나르시소 로드리게스의 드레스는 사라 제시카 파커조차도 열광하게 만들었다. 이렇게 멋있고 세련된 블랙 드레스가 더군다나 내 몸에 완벽하게 맞는 사이즈가 남아 있었다는 사실은 아무래도 나와 인연이 되기 위함이 아니었을까 생각한다. 인생에 있어서도 나르시소 로드리게스의 블랙 드레스처럼 내게 완벽하게 맞는 인연이 어디선가 나를 기다리고 있다가 어느 순간 홀연히 나타난다면 얼마나 좋을까.

# 9

# 내셔널 포트레이트 갤러리
## National Portrait Gallery

기프트 숍

영국인들이 산업혁명을 일으킨 이들의 후손임을 확실하게 알 수 있는 것은 박물관의 기프트 숍에 갈 때이다. 일반적으로 박물관은 기프트 숍에서 전시에 관련된 책이나 포스터, 엽서 정도를 판매할 뿐 전시장에만 주력한다. 그러나 빅토리아 앤드 앨버트, 테이트 모던 등 런던의 커다란 박물관에 갈 때마다 매번 각 전시에 맞는 다양한 제품 개발을 통한 확실한 마케팅 전략에 감탄한다.

빅토리아 앤드 앨버트 박물관에서 크리스찬 디올과 크리스토발 발렌시아가의 'The Golden Ages'라는 전시가 열렸을 때는 포스터, 엽서, 사진집뿐 아니라, 신인 디자이너들이 두 브랜드의 이미지를 가지고 만든 의상(예를 들어 튤립 라인의 블랙 원피스라거나 조형적인 코쿤 스타일의 코트 등)이나 빈티지 풍의 모자와 액세서리, 가방 등을 판매했다. 대체적으로 의상은 십만 원에서 이십만 원 선으로 가격대도 좋았다. 또한 프리다 칼로 전시회를 열었던 테이트 모던 미술관은 그녀의 스타일에 맞는 각종 의상과 귀고리, 코사지, 스카프 등을 판매했다. 이러한 마케팅 전략은 전시회에 대한 이해도를 높일 뿐만 아니라 홍보 효과나 이익을 창출하는 데 있어서도 효과적이다.

이렇게 마케팅 전략에 맞는 상품을 제시하는 곳도 있지만 언제나 좋은 물건을 판매하는 곳도 있는데 바로 내셔널 포트레이트 갤러리의 기프트 숍이다. 이곳은 인물을 위주로 한 전시를 기본으로 하며, 기획전으로는 마리오 테스티노 사진전이나 데이빗 호크니 전시회 등을 한 적이 있었다. 그래서인지 이곳의 기프트 숍은 대체적으로 인물을 위주로 한 매우 독특하고 재미있는 아이디어 상품으로 가득하다.

〈천일의 앤〉의 앤 불린(영국 헨리 8세의 두 번째 왕비), 엘리자베스 1세 여왕, 빅토리아 여왕, 셰익스피어와 같은 역사적 인물부터 트위기, 오드리 헵번, 엘리자베스 테일러는 물론 연기파 배우들의 얼굴이 들어간 컵이나 엽서, 노트, 포스터, 부채, 램프 갓 등 다양한 물건을 파는데, 그 디자인이 매우 유니크하고 세련되었다. 나는 이곳에서 헬렌 미렌의 초상화, 엘리자베스 테일러와 매릴린 먼로의 초상화 엽서 등을 구입했는데, 그중에서도 가장 아끼는 것은 바로 빅토리아 여왕이 그려진 동전 지갑이다. 무표정하게 하얀 얼굴로 있는 빅토리아 여왕은 마치 가시가 많은 장미와 고귀하면서도 외로운 백합을 합쳐 놓은 것처럼 아름다운데, 나의 미국 동전 지갑(해외 출장이 많은 관계로 동전이 많아 나라별로 지갑을 만들었다)으로 사용하고 있다. 이것을 들고 뉴욕에 가면 스타일리시하게 옷을 입은 사람들도 사랑스럽다는 듯이 어디서 구입했냐고 물어 보곤 한다. 그러면 나는 빅토리아 여왕의 아름다움을 만방에 알리는 시녀처럼 우쭐거리며 말한다. "런던에 있는 내셔널 포트레이트 갤러리에서" 납시었다고.

# 10

# 뉴발란스

New Balance

스니커

"정말 뉴발란스는 나한테 상 줘야 해." 쟈뎅 드 슈에뜨의 디자이너 김재현이 말했다. 2010/11년 가을/겨울 프레타포르테 취재를 위해 파리에 간 나는 마침 그곳에서 쇼룸을 오픈한 김재현을 만나 간만에 와인을 마시며 파리에 한껏 취해 스타일에 관한 이야기를 시작했다. 그러면서 나는 뉴발란스 이야기를 했다. 왜냐하면 마크 제이콥스, 조르지오 아르마니, 칼 라거펠트부터 스티브 잡스에 이르기까지 유명인들은 자신만의 시그너처 룩이 있기 때문이다. 한국 디자이너로는 김재현이 그러한데, 그녀는 언제나 하얀색 티셔츠에 통이 넓은 매니시한 팬츠를 입고 뉴발란스의 스니커를 신는다. 그것도 회색이나 검정색 클래식 라인으로 눈이 오나 비가 오나 꽃 피는 봄이 오나 항상 같은 모습이다. 뉴발란스가 한국에 상륙하기 전부터 우리(패션 피플들)는 김재현을 통해 뉴발란스를 알게 되었다고 해도 과언이 아니다.

요즘에는 뉴발란스가 대중에게도 널리 알려지며 인기를 몰게 되었지만, 사실 예전에는 흔하게 볼 수 없었던 존재였다. 지금은 포토그래퍼, 메이크업 아티스트, 헤어 스타일리스트를 비롯해 광고를 하는 사람들까지, 한 감각한다는 사람들은

이미 뉴발란스의 클래식 라인을 신고 있다. 파리에서 바바라 부이의 인턴으로 있던 시절 그녀는 패션지 편집장 이사벨 페리를 보고 깊은 감동을 받았다고 한다. 굉장한 패셔니스타로 알려진 그녀가 그 옛날부터 뉴발란스를 멋들어지게 신는 것을 보고 자신도 따라 하게 되었다는 것이다. 고백하건대 나는 그런 김재현을 보고 뉴발란스를 신게 되었다. 스타일에 관련된 일을 하는 사람들은 대부분 뉴발란스의 클래식 라인을 고집한다. 대한민국 최고의 패셔니스타이기도 한 김민희는 검정색 클래식 라인을 신고 나 또한 회색 클래식 라인을 고집한다. 검정색 옷에 가장 잘 어울리는 색상에 맞추다 보니 회색, 검정색, 때때로 붉은색을 선택하게 된다. 스니커임에도 불구하고 약간의 굽이 있고, 발 폭이 좁아 매니시한 팬츠에 매우 세련되게 어울린다. 그런 이유로 하이힐을 신지 않는 경우, 촬영이나 출장 때문에 편한 복장을 입어야 할 때에 뉴발란스의 스니커가 필요한 것이다.

1906년 보스턴에서 윌리엄 라일리가 장애자를 위한 맞춤 신발로 시작한 뉴발란스는 이후 1930년에 서서 일하는 근로자 및 경찰들을 위해 아치 서포트를 개발하였고, 1940년 뉴발란스 최초의 수제 런닝 스파이크를 탄생시켰다. "출장 갈 때도 뉴발란스가 짱이라니깐!"이라는 김재현의 말처럼, 이들의 끝없는 도전과 개발 덕분에 우리는 오래 신고 다녀도 발에 부담이 가지 않는 스니커를 갖게 되었다.

# 11

# 더 와핑 프로젝트

## The Wapping Project

와핑 푸드

영국인들의 기발함에는 깊이가 있고, 유니크함이 있다. 무엇 하나를 생각하더라도 미적 감각과 함께 그것을 대중적으로 풀어내고 소비시키는 기술은 전 세계 일등일 것이다. 그들은 진정한 마케팅의 귀재들이다. 독창적인 마케팅 전략에 관심이 많은 나로서는 언제나 그들에게 영향을 받곤 한다. 특히 박물관 마케팅은 더욱 그러하다. 전시 기획에 맞게 내놓는 아이디어 상품들은 저속하지 않으면서 독창적이고 유익하다. 1은 1이고, 2는 2라고밖에 생각하지 못하는 국내 현실 속에서, 화력 발전소를 가지고 테이트 모던과 같은 멋진 미술관을 만들 생각을 한 그들이 부럽기까지 했다.

그런데 나를 놀라게 한 또 하나의 갤러리가 있었다. 바로 수력 발전소를 이용한 '더 와핑 프로젝트'라는 갤러리다. 이곳은 화력 발전소를 개조한 테이트 모던에 비해 그 규모는 훨씬 작고, 지역도 고급스러운 주택가나 시내가 아닌 빈민가 주변에 있어 아주 묘한 인상을 준다. 또한 세계 유명 아티스트의 작품이 아닌, 곳곳에 숨어 있는 재기발랄한 인재들을 찾아내어 전시를 한다는 점이 매우 신선한 곳이다. 워낙 수력 발전소 자체의 규모가 작기 때문에 미술관이 아닌 갤러리 급이지만, 단 한 가지를 하더라도 정말 기발하고 독창적인 내용으로 전시를 해서 언제나 심장이 요동치게 만든다.

내가 이곳을 더욱 사랑하게 된 이유는 바로 1층 전시장으로 들어가기 전에 위치한 카페 레스토랑 '와핑 푸드(Wapping Food)'때문이다. 수력 발전소 내부에 있는 기계들 사이사이에 테이블을 놓아 두어 기묘한 조화를 이루고 있는데, 높은 천장과 실내로 들어오는 햇살이 정말 기가 막힌 공간을 탄생시켰다. 식사를 하고 있노라면 교통이 불편한 이곳까지 기막히게 멋지게 차려입은 손님들이 찾아오는 모습에 또 한 번 감동한다. 음식은 또 어떠한가. 혼자서 연신 눈물을 훔치며 먹을 정도로 맛있는데 내가 좋아하는 것은 바로 콩과 당근으로 만든 건강 수프이다. 담백하면서도 고소하고, 신선하면서도 진득한 맛이 있어 뼛속까지 으슬으슬하게 만드는 영국의 습한 날씨에 제격이다.

# 12

# 돌체 앤 가바나
### Dolce & Gabbana

클래식 재킷

나는 혼자서 추는 춤은 즐겁게 추지만 남자와 같이 추는 춤은 영 젬병인데다 두렵기까지 하다. 그렇게 춤을 못 추는 것은 타고난 몸치거나 아니면 경험 부족 두 가지 이유 중 하나일 것이다. 고백하건대 나의 경우는 후자로 인한 '2인 댄스 공포증'으로, 블루스 같은 플로어 댄스를 누군가 같이 추자고 하면 얼굴이 사색이 되고 식은땀까지 흘린다. 그래서인지 영화 〈여인의 향기〉에서 탱고를 잘 못 춘다는 여인에게 "걱정하지 말아요. 내가 리드할 테니까"라고 자신 있게 말하며 여자를 이끄는 알 파치노가 정말 근사하게 느껴졌다. 재킷 이야기를 하는데 사설이 긴 것은 내게 있어 돌체 앤 가바나의 재킷이 바로 알 파치노와 같은 존재이기 때문이다.

모든 사람에게 재킷이 근사하게 어울리지는 않는다. 앞에서도 말한 적이 있지만 나의 신체적 조건은 재킷과는 영 어울리지 않는다. 재킷은 어깨에 각이 있고 몸통 자체가 납작하며 가슴이 작은 체형에 잘 어울린다. 특히 헬무트 랭이나 발렌시아가, 지방시처럼 스타일리시한 스타일은 더욱 그러한데, 여기에 가장 잘 어울리는 체형이 아마도 김민희일 것이다. 그런 날렵하고 멋진 몸매는 언감생심, 나

DOLCE & GABBANA®
MADE IN ITALY

의 몸은 어깨가 매우 좁고 처진데다 비엔나소시지만큼 원통형이어서 웬만한 재킷은 어울리지 않는다. 때문에 나는 비비안 웨스트우드나 꼼데가르송의 재킷처럼 짧고 아방가르드한 실루엣의 재킷을 즐겨 입는다.

그러나 여자를 가장 단정하면서도 섹시하게 만들어 주는 것은 바로 블랙 재킷이다. 여자에게 있어 블랙 재킷은 모든 패션 아이템 중에서도 남편과 같은 존재이다. 그것은 가장 중요한 아이템이기 때문이기도 하고, 자신의 몸에 완벽하게 맞는 재킷을 찾기란 완벽한 남편감을 찾기만큼이나 어렵기 때문이기도 하다. 그런데 돌체 앤 가바나의 블랙 재킷은 웬만한 여자 몸에 척척 어울린다. 어쩌면 이 블랙 재킷은 남편감이라기보다는 여자를 너무나도 잘 아는 고도의 바람둥이 같은 존재다. 그렇기 때문에 어떠한 체형을 가지고 있어도 모든 여자들의 결점과 부족한 점을 부드럽게 커버하며 감싸 안아 준다.

돌체 앤 가바나의 블랙 재킷은 자신이 가지고 있는 내공으로 여자의 몸을 아름답고 매끈하게 만들어 준다. 라펠 부분은 여자의 얼굴을 단정하면서도 힘이 있고 우아하게 만들어 주는 적당한 크기와 모양을 갖췄다. 그리고 무엇보다도 여자들이 매력을 느끼는 것은 바로 재킷의 안감이다. 심플한 블랙 재킷 속의 레오파드 안감이 풍기는 이미지는 마치 겉모습은 강인하고 세련되면서도 속마음은 열정적이고 감성적인 남자와도 같다. 재킷을 벗어 놓을 때나 혹은 소매 끝을 살짝 접어 올릴 때 보이는 레오파드 프린트는 은근한 매력을 풍긴다. 그런 이유로 여배우들이나 모델들, 패션 피플들과 옷을 사랑하는 여자들이 그 매력에 빠지는, 조지 클루니 같은 재킷이다.

care for style
de ihee

SHAMPOO 4
soothing and calming

gentiana root extract
hollyhock extract
sap of trichosanthes

care for style
de ihee

TREATMENT
instant revitalizing and
long-term repairing

sap of trichosanthes
camellia oil
sapran extract
burdock root extract

# 13

# 드 이희

de ihee

샴푸 · 트리트먼트

내 주변에는 진심으로 감동을 주는 사람들이 있다. 국내 코스메틱 브랜드를 해외에 진출시키겠다는 메이크업 아티스트 이경민이나 혼자서 환경 보호와 인간성 회복을 추구하는 책을 만들기 시작한 포토그래퍼 김현성, 묵묵히 구두를 만들어 세계 시장에 선보이고 있는 슈콤마보니의 이보현…… 모두 정말 무모한 도전과 끊임없는 노력으로 자신의 꿈을 이루고 있다. 그런데 여기 또 한 명 나를 감동시키는 사람이 있다. 바로 '드 이희'의 이희 원장이다.

그녀는 헤어 스타일리스트이자 메이크업 아티스트로 수많은 셀러브리티와 일을 하고 자신의 숍을 경영하며 편안한 자리에 안주할 만도 한데, 사서 고생을 하고 있다. "아름다운 스타일은 건강한 모발과 두피에서 비롯돼요"라고 말하는 이희가 언제나 내게 하는 말이 있다. "사람들은 피부가 안 좋으면 그냥 얼굴만 생각하는데, 사실 두피에서부터 얼굴 피부가 비롯되는 거야. 그렇기 때문에 두피 관리를 잘 하지 않으면 탈모 문제도 생기지만 얼굴 피부에까지 영향을 주게 되지." 예의 하이 톤의 목소리로 항상 강조한다.

사실 나는 두피 상태가 좋지 않다. 과도한 스트레스와 수면 부족으로 언제나 두피가 붉고 작은 뾰루지투성이다. 그러면 두피에 유분도 많아져서 아무리 샴푸를 해도 소용이 없다. 그런데 드 이희 샴푸를 쓰고 나서부터 두피가 눈에 띄도록 안정되어 가는 것이 느껴졌다. 물을 전혀 사용하지 않고 대나무 수액, 자작나무 수액, 하눌타리 나무 수액을 100퍼센트 사용하는 드 이희 샴푸는 크게 4가지 타입으로 구성된다.

대나무 수액과 고삼 뿌리 추출물이 함유된 샴푸 1은 두피와 모발에 유분이 많고 각질이 많이 생길 때, 그리고 평소 머리에 열이 많을 때 사용하면 좋다. 자작나무 수액과 우엉과 마시멜로 뿌리가 함유된 샴푸 2는 순하고 부드러운 약산성으로 매일같이 샴푸할 때 쓸 수 있는 타입으로 호르몬 분비가 왕성한 사람들에게도 좋다. 하눌타리 나무 수액과 하수오 뿌리 추출물이 함유된 샴푸 3은 두피가 건조하거나 모발이 심한 곱슬머리일 때, 환절기 모발 정전기가 심할 때 사용하면 좋다. 하눌타리 수액과 용담 뿌리 추출물이 함유된 샴푸 4는 내가 가장 많이 사용하는 것으로 민감성 두피를 위한 전용 샴푸이다. 샴푸 4는 두피가 붉고 가렵거나 뾰루지가 생길 때, 스트레스를 많이 받을 때, 일주일에 두 번 정도 사용하면 좋은데, 나는 샴푸 2와 번갈아가며 사용한다. 소비자 입장으로 이희 원장에게 물어본 적이 있다. "정말로 물을 전혀 사용하지 않아요?"라는 나의 질문에 그녀는 평소보다 이백 배 높은 소프라노 톤으로 "그럼~!당연하지!"를 외친다. 그런 이유로 나는 이제 무겁더라도 출장갈 때까지 드 이희 샴푸를 1, 2, 3, 4 모두 갖춰 간다. 그런데 여기에 내가 추가하고 싶은 것은 바로 트리트먼트 제품이다. 샤프란 성분과 하눌타리 수액, 식물성 콜레스테롤과 동백 오일 등이 함유된 트리트먼트는 말 그대로 모발에 즉각적인 반응을 보인다. 나는 워낙 모발이 가늘고 건조해서, 그야말로 모든 악조건을 가지고 있는데, 아무리 헤어숍에서 트리트먼트를 해도 푸석거리기 일쑤다. 한번은 바쁜 일정에도 마음먹고 트리트먼트를 한 뒤 촬영장에 갔는데 배우 김주혁이 말했다. "머리 트리트먼트 좀 하셔야겠어요"라고. 변명을 이것저것 둘러댔지만 참으로 민망하기 그지없었다. 그런데 드 이희 트리트먼트를 사용하면 금세 머릿결이 전지현처럼 변해 샴푸 광고하는 사람처럼 종일 머리를 흔들어댈 정도이다.

헤어 스타일리스트 이희가 이 브랜드를 론칭한 이유는 헤어 스타일리스트로서의 꿈인 동시에 자긍심을 갖기 위해서라는 말을 했다. "돈을 벌자고 하면, 이 사업을 안 해야만 해. 그래도 내가 이것을 하는 이유는 정말로 나의 꿈이기 때문이야. 두피가 아름다운 사람은 안색까지 달라진다니까."

HOW SWEET IT IS
GERMAN CHOCOLATE
CUPCAKE
HOW SWEET IT IS
CARROT
CUPCAKE
HOW SWEET IT IS
PBJ CUPCAKE
HOW SWEET IT IS
VANILLA-VANILLA
CAKE
5.50

# 14

# 딘 앤 델루카

Dean & Deluca

슈퍼마켓

존 F. 케네디 국제공항에 도착하여 맨해튼에 들어가면 가장 먼저 들르는 곳이 있다. 그곳은 멋진 레스토랑도 아니고, 예술적인 작품들이 가득한 박물관도 아니고, 독특한 디자인의 의상이 멋들어지게 놓여 있는 백화점도 아닌, 바로 소호에 있는 슈퍼마켓 딘 앤 델루카다.

브로드웨이와 프린스 스트리트 코너에 위치한 딘 앤 델루카는 고급 슈퍼마켓이다. 다양한 가공식품 외에도 케이크, 쿠키, 빵, 과자, 올리브 오일, 치즈와 소스, 그리고 아름다운 식기와 꽃까지 가득한데, 어찌나 감각적인 것들로만 가득한지 나는 세포 깊숙한 곳에서부터 흥분되기 시작한다. 일반 가게에서 판매하는 것과는 다른 예쁜 유리병에 들어 있는 염소젖 우유, 라즈베리와 블랙베리, 바나나를 갈아 넣어 만든 바나나 우유, 시나몬과 꿀에 절인 호두과자 등 매우 독특한 맛이 감각을 배울 수도 있을 만큼 세련된 디자인의 용기와 어우러져 멋진 조화를 이룬다. 또한 희귀한 꽃을 아무렇게나 양철통에 넣어둔 것도 멋지다. 안쪽에는 브라질이나 멕시코, 스페인, 인도, 일본 등지에서 수작업으로 생산된 식기나 바구니, 나무 샐러드 볼, 칼 등이 놓여 있는데 이것들이 또 나를 흥분시키기에 충분할 만큼 아름답다. 뭐니 뭐니 해도 내가 이곳에서 가장 사랑하는 것은 아마도 케이크일 것이다. 미국드라마 〈섹스 앤 더 시티〉에서 미란다가 군침을 흘리며 바라보던 그 아름다운 케이크는 십만 원 정도 되는 비싼 케이크임에도 불구하고 한입 커다랗게 베어 물고 싶어진다. 뉴욕에는 보통 컬렉션이나 촬영을 위해 가는 경우가 많아 언제나 피곤에 지쳐 있곤 하는데 이럴 때는 화이트 크림을 얹은 당근 컵케이크를 눈 깜짝할 사이에 먹어 치우게 된다. 촬영차 같이 간 고소영이 컵케이크를 먹는 나의 모습을 걱정스럽게 쳐다보았지만 이제는 그녀도 컵케이크 한 박스를 사 가지고 호텔에 들어가게 되었다.

딘 앤 델루카가 즐거운 데는 맛있는 음식과 세련된 디스플레이에 더해 또 하나의 이유가 있다. 그것은 바로 뉴욕의 옷 잘 입고 늘씬하고 멋진 남녀들이 모두 모인다는 사실! 헬레나 크리스텐센, 엘 맥퍼슨은 물론 윌렘 대포까지 이곳에서 보았다. 꼭 유명인이 아니어도 영화배우 뺨치는 뉴요커들이 이곳에 모여든다. 물건 사면서 참으로 여러 가지를 본다고 할지 모르지만 딘 앤 델루카야말로 '살아 있는 감각'을 배우기에 가장 완벽한 곳이기에 나는 언제나 흥분하며 그곳으로 달려가게 된다.

# 15

# 딸리까
## Talika

핸드 테라피 글로브

2010년을 앞두고 나는 지나온 모든 것을 정리하고 싶은 마음에 옷가지부터 그간 병적으로 모아 두었던 모든 서류와 잡동사니들을 정리하기 시작했다. 처음엔 그저 가볍게 시작하려 했던 것이 서랍장 하나를 치우면 다른 하나가 눈에 띄다 보니 어느새 온 집안을 정리하게 되었다. 그렇게 시작한 대청소는 12월 한 달이 꼬박 걸렸다. 아무리 고된 촬영을 해도 웬만해선 안 빠지던 살이 3킬로그램이나 빠졌고, 말로만 듣던 주부습진을 주부가 되기도 전에 걸리고 말았다. 처음엔 손이 간질거리더니 점차 불긋불긋 피부병 걸린 것처럼 붉은 점들이 올라오고 끝내는 논바닥 갈라지듯 두껍게 갈라지기 시작했다.

자랑은 아니지만 나의 손은 매우 도톰하고 부드럽다. 그래서 가늘고 뼈와 혈관이 튀어나온 손을 부러워하지만 사람들은 내 손을 보며 "남자에게 사랑받겠다"는 말을 하곤 한다. 심지어 〈엘르〉 편집장 신유진은 스트레스를 받을 때 나의 손을 만지면 기분이 좋아진단다. 그런 이유로 나의 손에는 '두더지 손', '슈크림 빵', '손장갑' 등의 별명이 붙었다. 그런 '고귀한 손'이었다. 그런데 그 손에 주부습진이라니. 나는 너무나도 충격을 받아 핸드크림을 두껍게 바르기 시작했지만 별반 소용

TALIKA
PARIS

이 없었다. 내가 그렇게도 신봉하는 엘리자베스 아덴의 에잇아워 크림을 듬뿍 발라도 계속 갈라진 논바닥이었다. 난 이제 어느 누구와도 사랑을 나눌 수 없을 것 같았다. 누가 나의 거친 손을 만지고 싶어하겠는가. 참으로 절망스러웠다.

그런데 신세계 센텀시티 스타일링 클래스에 초빙되어 부산에 갔을 때 그곳에 사는 후배가 말했다. "언니, 이거 한번 써 봐. 나도 한 번 써 봤는데 효과 짱이야!" 그 후배는 스킨케어 브랜드에 대한 정보를 무궁무진 가지고 있는데, 마치 나의 고민을 알기라도 한 듯 핸드 테라피 글로브를 건네주었다. 사실 처음엔 생긴 모양이 하도 우스워 거들떠보지도 않았다. 그런데 그 웃기게 생긴 장갑이 기적을 일으켰다. 모세는 홍해를 갈랐지만, 딸리까의 핸드 테라피 글로브는 내 손의 갈라진 논바닥을 모두 메워준 것이다. 복숭아처럼 부드러워진 나의 손을 보고, 두 손 모아 눈물을 흘리며 말했다. "딸리까여, 만세!"

딸리까에서 처음 구입한 제품은 리포실이라는 아이래시 컨디셔닝 젤이었다. 처음에는 반신반의하는 마음으로 사용했지만 점차 눈썹이 두꺼워지고 길어지더니 심지어 새롭게 돋아나기까지 했다. 단, 마스카라 타입의 젤 제품은 편하기는 하나 용량이 적어 금방 닳는 것이 단점이니 크림 타입을 사용하는 것도 좋다. 딸리까는 안과 병동에서 근무하던 다니엘 로슈 박사가 3도 이상 화상을 입은 환자들의 눈을 치료하며 식물 추출물을 이용해 만든 눈 전용 치유 크림이 상처 회복은 물론 속눈썹을 풍성하게 만드는 것을 보고 개발하게 된 제품이다. 그런 이유로 눈에 자극적이지 않고 안심할 수 있다. 그러나 단 한 가지 추천하고 싶지 않은 것은 뷰러이다. 딸리까의 뷰러는 사용이 불편하여 잘못하면 애써 기른 눈썹이 왕창 뽑혀 나갈 수도 있다.

Touritu
Nourishing Cream
Touritu Nourishing Cream is made from natural material
100ml (3.4 FL.OZ)

# 16

# 뚜리뚜

Turittu

영양 크림 · 한방 화장수

"유명 회사 제품이 아니어서 싫어하시는 고객도 계시지만 저희는 정말 추천하고 싶은 제품이에요." 내가 다니는 피부관리실 뷰티피아 이경희 원장이 매우 조심스럽게 말하며 보여준 것은 뚜리뚜의 화장수와 영양 크림이었다. 그저 웃기만 해도, 말을 하려고 '아'하고 입만 벌려도 얼굴이 붉어지는 나의 민감성 피부에 알맞은 제품이란다. 뚜리뚜의 제품 구성은 화장수와 영양 크림 합쳐 달랑 두 가지이다. 옷을 많이 껴입으면 움직이기 어렵듯, 너무 많은 화장품은 피부에 독이 될 수도 있다. 약초 냄새가 폴폴 풍겨오는 한방 성분 100퍼센트의 아쿠아 허브 화장수는 다른 화장수에 비해 에센스처럼 농도가 짙다. 천궁향의 고농축 한방 성분으로 만들어진 영양 크림 또한 펴 바르면 바로 피부에 흡수되어 부담스럽지 않다. 그렇게 두 가지 제품만 사용하고 보니, 그동안 나의 피부가 참으로 힘들었겠다는 생각이 들었다. 넘치는 사랑이 때로는 부담스러운 것처럼 말이다.

# 17

# 라 메종 뒤 쇼콜라

### La Maison du Chocolat

초콜릿

출장을 가면 언제나 시차 때문에 극심하게 피로하다. 그럴 때 온몸에서는 세포들이 아우성을 치는 것 같다. "언니, 우리에게 당분 좀 보내 주세요~"라고. 나를 위해 열심히 일하는 금쪽같은 내 세포들에게 나는 최상의 기쁨을 주고 싶다. 그래서 뉴욕에 가면 딘 앤 델루카의 컵케이크를, 런던에 가면 브라운스의 브라우니를, 그리고 예술의 도시, 낭만의 도시, 패션의 도시 파리에 가면 나는 라 메종 뒤 쇼콜라의 쇼 드 쇼콜라(핫초콜릿)와 에클레르(타원형의 작은 크림 페스트리)로 나의 세포들을 기쁘게 한다.

내가 이 달디 단 당분을 섭취할 때 그저 먹는 것만이 목적은 아니다. 그 맛과 어우러지는 환경과 분위기가 나를 기쁘게 해주는데, 예를 들어 뉴욕의 딘 앤 델루카에는 럭셔리하면서도 가볍고 경쾌한 분위기가 흘러 뉴욕 여피들의 라이프 스타일을 즐길 수 있다면, '라 메종 뒤 쇼콜라'가 내게 주는 기쁨은 흡사 에르메스에서 쇼핑을 할 때와 비슷하다. 라 메종 뒤 쇼콜라는 초콜릿 계의 에르메스라고 말하고 싶다. 초콜릿의 맛과 퀄리티에 대해선 나중에 다시 이야기하더라도 그 포장 방법과 환경은 마치 에르메스처럼 럭셔리하기 때문이다.

우선 패키지와 쇼핑백, 리본 등 모든 것이 에르메스와 비슷하다. 심지어 마들렌 근처에 있는 라 메종 뒤 쇼콜라 부티크에 들어서면 검정색 턱시도를 입은 아저씨들과 검정색에 하얀색 칼라가 장식된 원피스를 입은 여점원들이 하얀 장갑을 끼고 초콜릿을 포장하거나 서빙을 한다. 우아하게 자신이 원하는 초콜릿을 주문하고 그 자리에서 먹을 때도, 아름답게 포장된 쇼핑백을 들고 나올 때도, 에르메스에서 쇼핑할 때보다 더한 서비스를 제공받게 된다.

그렇기 때문에 파리에 가면 언제나 라 메종 뒤 쇼콜라에 가는데, 내가 항상 주문하는 것은 쇼 드 쇼콜라다. 컵을 옆으로 기울여도 잘 흘러내리지 않을 만큼 진하지만 절대 달지 않다. 이곳의 초콜릿 또한 모두 그러한데 마치 어른의 맛처럼 달콤 쌉싸름하다. 쇼 드 쇼콜라 외에 내가 즐겨 먹는 것은 초콜릿 에클레르와 플레인 트리플이다. 플레인 트리플은 코코아 가루가 뿌려진 초콜릿 무스 수제 초콜릿으로 한입 베어 물면 처음엔 코코아 향이 코로 스며들고, 다음으로 진한 초콜릿 무스가 입안을 부드럽게 감싸며 나를 전율시킨다.

1955년 로베르 링스가 오픈한 라 메종 뒤 쇼콜라는 현재 호텔 그랑과 호텔 브리스톨의 쉐프였던 질 마르샬이 크리에이티브 디렉터로 있다. 젊은 크리에이티브 디렉터의 수혈로 프랑스 명품 초콜릿 하우스답게 초콜릿을 이용한 드레스와 보석을 만든 오트쿠튀르 라인을 선보이고 있다. 특히 필립 스탁과 협업한 모던한 초콜릿 의자나 부슈롱(프랑스 최고의 보석상)의 대표적인 스네이크 목걸이를 본떠 만든 초콜릿으로 화제를 모으기도 했다.

# 18

# 라코스테

Lacoste

피케셔츠

영화 〈엠마뉴엘〉은 에로틱한 내용도 물론 중요(?)하지만 진정한 스타일이 무엇인지 배울 수 있어 좋다. 영화에서 엠마뉴엘 부인을 연기한 실비아 크리스텔은 섹시하면서도 수선화 같은 청초함이 묻어나는 배우로 지극히 멋진 1980년대 룩을 연출하고 있기 때문이다. 몇 번째 시리즈인지 확실하게 기억할 수 없으나 실비아 크리스텔이 테니스를 치는 장면이 있다. 완벽하게 '뽀샵' 처리된 화면 속에서 실비아 크리스텔은 라코스테의 피케셔츠에 짧은 주름치마를 입고 열심히 테니스를 치는데, 피케셔츠가 땀에 젖어 그녀의 젖가슴이 드러나는 장면은 여자인 내가 봐도 정말 관능적이었다.

알고 보면 피케셔츠는 굉장히 섹시한 아이템이다. 만들어지기야 통풍이 잘 되고 움직이기 편하도록 만들어진 테니스 유니폼이지만 어쨌거나 내가 클래식한 섹시 스타일을 연출하고 싶을 때는 어김없이 라코스테 피케셔츠를 입는다. 그게 참 묘하다. 심플한 칼라와 실루엣인데도 불구하고 묘한 성적 매력을 느끼게 하니 말이다. 마치 얼굴은 청순한 소녀 같은데 육감적인 몸매를 가진 신민아처럼.

피케셔츠는 사이즈를 잘 맞춰서 입어야만 한다. 무조건 편하게 입기 위해 큰 사

LACOSTE

이즈를 입으면 절대로 안 된다. 자신의 사이즈보다 약간 타이트한 것을 선택하고 여기에 엉덩이가 피트되는 H라인의 스커트나 추추 스커트를 입으면 매우 여성스럽고도 섹시하다. 지극히 여성스러운 스커트에 사랑스러운 상의를 걸치게 되면 그 적나라함에 멋스럽지 않다. 그러나 전혀 예상치도 않았던 피케셔츠를 입으면 여성스러우면서도 지적이고 생기 넘치는 청순미를 겸비하게 되는 것이다.

피케셔츠를 입을 때의 포인트는 단추를 모두 끌러야 한다는 점이다. 가슴이 보이면 어떡하냐고? 물론 난 이 질문에 "아끼지 말고 살짝 좀 보여 주세요"라고 말하고 싶지만 그래도 걱정할 필요는 없다. 라코스테 피케셔츠의 마지막 단추는 가슴보다 훨씬 위에 있기 때문에 다 끌러도 보이지 않는다. 여기에 진주 목걸이를 하면 실비아 크리스텔을 능가하는 클래식하고 관능적인 여인이 될 수 있다.

RALPH LAUREN  S
MADE IN CHINA
OF ITALIAN YARN
93% MERINO WOOL
7% CASHMERE
EXCLUSIVE OF
DECORATION
RLC

# 19

# 랄프 로렌



니트 드레스

랄프 로렌은 내가 워낙 좋아하는 브랜드여서 어떤 아이템을 넣을까 고심했다. 랄프 로렌만의 아름다운 아이보리 색 니트 풀오버를 넣을까, 아니면 미국의 상류 사회가 떠오르는 실크 블라우스나 라이딩 팬츠를 넣을까 고심했다. "랄프 로렌은 저를 실망시킨 적이 단 한 번도 없어요"라는 여배우 이승연의 말대로 랄프 로렌 컬렉션은 단 한 번도 나를 실망시킨 적이 없는 아이템으로 가득하기 때문이다. 랄프 로렌의 고급스러운 아메리칸 클래식이 너무나도 좋다. 〈섹스 앤 더 시티〉로 더욱 유명해진 햄튼은 미국 동부에 위치한 고급 휴양지로, 이곳에 가면 정말 랄프 로렌 광고처럼 모두 랄프 로렌이나 폴로 랄프 로렌을 입고 있다. 레스토랑이나 바에 가면 남자들은 모두 폴로셔츠에 치노 팬츠를 입고 있고, 여자들은 진주 귀고리에 머리를 우아하게 틀어 올리거나 뒤로 넘기고 폴로셔츠와 화이트 팬츠를 입고 있다. 〈섹스 앤 더 시티〉에서 샬롯과 그의 '엑스' 시어머니처럼 어깨에는 랄프 로렌의 캐시미어 니트 카디건을 걸치고 말이다. 그런 이유로 이스트 햄튼에 놀러 갔을 때 나는 폴로 랄프 로렌의 치노 팬츠에 스트라이프 니트를 줄곧 입고서 햄튼을 만끽했다.

랄프 로렌의 아이템 하나만을 선택해야 한다는 것은 매우 어려운 일임에도 불구하고 내가 고른 것은 바로 니트 드레스다. 프랑스에 니트의 여왕인 소니아 리키엘이 있다면 미국에는 랄프 로렌이 있다. 니트라는 소재는 사실 신축성과 보온성이 있는 기능적인 소재인 동시에 지적인 감각과 섹시한 감각을 모두 지녔다. 니트만이 가지고 있는 부드러운 감촉은 지적이고 몸매를 아름답게 드러내 주는 신축성은 더없이 관능적이기 때문이다. 특히 랄프 로렌의 니트 드레스는 섹시함과 우아함, 클래식함과 세련됨을 모두 겸비하고 있다. 사람들은 속살을 드러내야만 섹시하다고 생각하는데 사실 그렇지 않다. 감춰진 상태에서 드러나는 섹시함은 사람을 상상하게 만들고 애타게 만드는 매력이 있는데 바로 니트가 그러하다. 니트 위로 드러나는 여자의 가슴선과 허리선은 고고한 척하면서도 은근한 욕망을 풍긴다. 그런 이유로 랄프 로렌의 니트 드레스를 사랑한다. 블랙 니트 드레스는 지적이고, 아이보리 니트 드레스는 고급스럽고, 그레이 니트 드레스는 세련되고, 네이비 니트 드레스는 젊고 생기 있다.

내가 가지고 있는 카디건 스타일의 니트 드레스는 한쪽 팔에 라인이 들어가고 왼쪽 가슴에 랄프 로렌 로고가 매우 클래식하게 들어간 프레피 스타일로, 몸에 매우 타이트하게 피트되어 섹시하기까지 하다. 더군다나 카디건 스타일이서 단추가 밑단까지 있는데 무릎 부분의 단추를 풀면 걸을 때마다 다리의 근육이 보여 더없이 섹시하게 보일 수 있다. 물론 니트 드레스를 입을 때면 배에 힘을 주어야 해서 힘들기도 하지만, 당당하면서도 섹시한 여자로 하루를 살아가기 위해선 감수해야 할 즐거운 고통이다.

# 20

# 로레알

L'Oreal

텔레스코픽 마스카라

책이 뚫어져라 한동안 바라보았다. 책 속에서 나를 바라보고 있는 페넬로페 크루즈의 눈이 너무나도 매혹적이고 아름다워 한동안 페이지를 넘길 수가 없었다. 광고라는 것이 약간은 과장되어 있다는 사실을 알면서도 로레알의 마스카라, 텔레스코픽 광고를 보면서 나는 생각했다. 페넬로페 크루즈의 긴 속눈썹만 있다면 금방이라도 멋진 남자를 만날 수 있을 것 같다고. 촬영을 끝내고 서울로 돌아오는 비행기 안에서 면세품 책자에 나와 있는 페넬로페 크루즈의 기다란 눈썹을 부러워하는 내게 옆에 앉아 있던 엄정화가 말한다. "광고잖아, 은영. 알면서 왜 그래?" 그러나 광고를 본 그녀, 다시 말한다. "우리 하나 사 보자."

엄정화의 속눈썹은 매우 길고 탐스럽다. 내가 우스갯소리로 성냥 하나 얹어 보자고 말할 정도로 길고 숱이 많다. 심지어 아랫눈썹도 어찌나 긴지 웬만한 사람들의 속눈썹 길이와 같다. 그래서인지 그녀의 눈은 이탈리아 여자들의 눈처럼 강렬하고 드라마틱하다. 사람들은 엄정화의 눈이 성형 때문에 아름답다고 생각하지만 나의 생각은 절대적으로 다르다. 그것은 그녀의 짙고 탐스러운 속눈썹 때문이다. 그런 그녀가 텔레스코픽으로 몇 번 속눈썹을 칠하니 속눈썹이 아니라 무슨

L'ORÉAL
PARIS
CARBON BLACK
TELESCOPIC
TM/MC

공작새 깃털처럼 변했다.

나의 속눈썹은 짧지는 않지만 가늘고 숱이 별로 없는 편이다. 속눈썹이 길면 그렇게 미모가 뛰어나지 않은 사람조차도 묘한 매력을 풍기게 된다. 영화에서도 여주인공이 아래를 내려다볼 때 길게 뻗은 속눈썹에 남자가 매력을 느끼거나 약간 뒤로 앉은 여배우의 속눈썹만이 여운을 남기며 비칠 때가 있다. 속눈썹이 짙고 풍성하면 눈의 윤곽을 또렷하게 만들어 준다. 또한 길고 긴 눈썹이 한 번씩 위아래로 올라갔다 내려왔다 하면 전설 속의 동물처럼 아름답고 신비롭다. 신현준의 걸출한 입담에 웃겨 죽겠다고 넘어가면서도 가끔씩 그가 신비롭게 느껴지는 이유는 낙타처럼 길고 풍성한 속눈썹 때문일 것이다. 그런 이유로 나는 속눈썹과 마스카라를 매우 중요하게 생각한다. 메이크업 아티스트 손대식 또한 여자의 마스카라 상태를 가장 먼저 볼 정도로 마스카라를 중요하게 여긴다. 그런 손대식은 전라도 사투리를 쓰며 힘주어 말한다. "그람요. 마스카라가 떡져 있는 여자의 속눈썹은 유죄지요." 그가 메이크업 브랜드 셉을 론칭했을 때 마스카라를 가장 나중에 만든 이유를 물었다. "제가 뭐라고 했어요. 마스카라는 증말로 중요하다고 했지요. 마스카라는 국내 기술로 아직 어렵기 때문에 조금 더 연구를 해서 만든 것인디"라고 예의 다부진 표정으로 말했다. 그런 그가 '마스카라의 여왕'이라고 극찬했던 제품이 있는데, 바로 시세이도에서 출시되는 마조루카이다.

그러나 뭐니뭐니해도 지금 내가 사랑하는 마스카라는 역시 로레알의 텔레스코픽이다. 가느다란 내 눈썹을 어찌나 풍성하고 길게 만들어 주는지. 어느 날 식사를 하던 중 옆 자리에 앉아 있던 배우 정우성이 내게 물었다. "그거 붙인 눈썹이에요? 굉장히 속눈썹이 기네요"라고. 물론 속눈썹 연장을 하거나 붙인 것이 아니었기에 자신만만하게 나의 눈썹이라고 말하면서도, 마음속으로 덧붙였다. '텔레스코픽의 힘을 좀 빌렸지요, 호호.'

DIANA F+
DIANA F+
4 M-∞
2-4 M
1-2 M

# 21

# 로모그래피

Lomography

카메라

세상은 빠르게 변화하고 있다. 이제는 음성으로 불을 켜거나 전화를 걸 수 있고, 세상 돌아가는 모든 것을 실시간으로 볼 수 있으며, 카메라로 동영상도 찍을 수 있게 되었다. 그런데 그렇게 진화한 세상에서 나는 오히려 외롭고 지칠 때가 있다. 수많은 버튼을 누르다 못해 이젠 어떤 것을 '터치'해야 할 지도 모르겠거니와 조금만 스쳐도 '터치'됐다고 난리다. 굉장히 위해 주는 척하지만 결국 인터넷에 들어가면 수락하거나 동의해야 할 것도 많고, 허락 받을 일은 뭐가 그렇게 많은 지 난감해질 때가 많다. 그럴 때마다 목적만 생각하며 거침없이 손가락으로 드르륵 드르륵 다이얼을 돌려 전화를 하고 싶어지기도 하는 나는 아날로그 시스템이 그리울 때가 있다.

카메라는 더 하다. 사진을 쉽게 찍을 수 있게 된 만큼 지워버리는 것도 쉽다. 누군가의 기억에서 내가 그렇게 쉽게 지워진다면 지독하게 허탈할 것이다. 그래서 나는 아날로그에 대한 애틋함을 가지고 디지털 카메라와 함께 항상 로모그래피 카메라를 가지고 다닌다. 필름을 사서 카메라에 넣고(흑백을 살까, 컬러를 살까 고민하면서), 셔터를 누른 후 도르륵 돌려 필름을 감고, 내가 잘 찍고는 있는지 궁금해하며 열심히 각도를 잡고, 필름이 떨어질까 숫자를 연신 확인하기도 하면서 마음을 졸이고, 멋진 사진이 나오기를 기대할 때 살아 있다는 느낌이 든다. 특히 우연히 포착한 순간이 포토그래퍼가 촬영한 것처럼 멋지게 나왔을 땐 나의 재능을 과대평가하며 우쭐대는 행복한 순간도 맛볼 수 있다.

나는 여러 로모그래피 카메라를 가지고 있는데, 콜레트(파리에 있는 멀티숍으로 그 시즌의 가장 트렌디한 제품만을 취급한다)에서 구입한 슈퍼 샘플러와 피시 아이, 그리고 모마 디자인 센터에서 구입한 종이로 만드는 인스턴트 로모그래피와 핀홀 카메라가 있다. 이들은 사등분되어 사진이 나오거나 볼록 렌즈처럼 확대되지만, 깊이 있는 색감과 거친 입자 덕분에 꽤 근사한 사진을 찍을 수 있다.

1991년 LC-A 로모 콤팩트 오트맷의 발견으로 시작된 로모그래피는 로모 LC-A+를 비롯한 일련의 아날로그 토이 카메라를 사용하는 이들의 전 세계적 커뮤니티이자 판매처이다. 로모그래피 카메라는 패션 피플들과 셀러브리티 사이에서 빠르게 인기를 모으기 시작하다 지금은 전 세계에 매니아 층을 둘 정도로 사랑을 받고 있다. 빛이 새는 효과와 비네팅(vignetting, 렌즈 주변부의 광량 저하로 인해 촬영된 사진의 모서리나 외곽 부분이 어두워지거나 검게 가려지는 현상) 효과로 인해 깊이감 있는 멋진 색상으로 촬영할 수 있다는 것이 로모그래피 카메라의 장점이자 특징이다.

"생각하지 말고 그냥 찍을 것"이라는 로모그래피의 모토는 복잡한 세상을 살아가는데 정말로 가슴까지 후련해지는 말이다. 그런 이유로 나는 로모그래피를 사랑한다. 모든 것이 감춰지고 생략되는 세상 속에서 한 순간이라도 즐겁게, 후회하지 않게 세상을 살고 싶은 내 마음을 모두 담아 줄 것 같아서.

# 22

# 로저 비비에

Roger Vivier

## 스틸레토

보기에도 새침해 보인다. 너무 예뻐서 말을 걸어 보고 싶지만 새침하고 도도한 성격에 한 마디 톡 쏘아붙일 것 같다. 그래도 그 모습조차도 예쁘다. 너무나도 아름답지만 앤디 워홀의 미적 감각도 지니고 있다. 그렇게 뭐 하나 나무랄 데 없이 새침하고 세련된 로저 비비에의 스틸레토에게 송두리째 마음을 빼앗기고 말았다.

로저 비비에의 스틸레토나 플랫슈즈는 이미 세기의 트렌드 세터인 재클린 케네디에 의해 알려졌다. 화려하고 섬세한 장식이 아닌 메탈 장식이 스틸레토에 처음 사용되었을 때는 자동차에서나 볼 수 있는 장식이라며 모두 놀라워했다. 그러나 사각 메탈 프레임은 곧 많은 여성들의 마음을 사로잡고 말았다. 영화 〈세브린느〉에서 고급 창녀로 나왔던 카트린 드뇌브가 입생로랑의 H라인 코트와 원피스에 매치한 것이 바로 로저 비비에의 사각 프레임 스틸레토였다.

이 영화를 계기로 사각 프레임은 패션 제국의 아이콘이 되었다. 재클린 케네디는 발목까지 오는 시가렛 팬츠에 사각 프레임이 장식된 플랫슈즈를 매치해 더욱 유명해졌다. 어쨌거나 로저 비비에가 만드는 기막힌 실루엣의 하이힐은 재클린 케네디를 비롯해서 마를렌 디트리히, 심슨 부인, 카트린 드뇌브, 잔 모로 등 당시

패셔니스타들의 필수 아이템이 되었고, 지금은 제시카 비엘, 스칼렛 요한슨, 데미 무어와 같은 여배우들의 사랑을 받고 있다.

그러나 솔직히 고백하건대 로저 비비에의 플랫슈즈는 웬만한 동양인의 발에는 부담스럽다. 발등이 납작하고 발 폭이 좁은 서양인들에게는 괜찮지만 동양인의 발에는 통증을 줄 때가 있다. 그러나 스틸레토만큼은 오히려 낮은 플랫슈즈보다 착용감이 편하다. 그런 이유에서 나는 로저 비비에의 스틸레토를 즐겨 신는다.

분더숍에서 구입한 비비드한 스틸레토는 팝 아트의 제왕 앤디 워홀의 판화에서 봤음직한 색상 매치가 굉장히 감각적이다. 로저 비비에의 스틸레토를 내가 사랑하는 또 다른 이유는 바로 다리를 매우 섹시하고 아름답게 만들어 주기 때문이다. 스틸레토 굽이 절묘한 조화를 이루어 발목을 매우 가늘게 만들어 주는데, 사각 프레임이 갖는 우아하고 고전적인 이미지와 상반되어 절제된 섹시함을 느끼게 한다.

LE LABO
GRASSE — NEW YORK
remove
before lighting
PETIT GRAIN 21
245g 8,6 OZ.          interieur
scented candle / bougie parfumée
Compounded: in New York City
For:        BETTIE...SEOUL COREA
Fresh until:   9/11/2010
Hand made in USA. LE LABO - 233 Elizabeth Street, New York, New York 100...

# 23

# 르 라보

Le Labo

향초

이제 이 시대는 물건이건 레스토랑이건 그냥 잘 만들기만 해선 안 된다. 손맛이 들어가야 하고, 그 사람의 스타일과 마음, 심지어 취향과 배려까지 들어가야만 한다. 그저 잘 만들어 세상에 내놓기에는 수천 수만 가지의 것들이 존재하기 때문에 자신의 개성과 생각을 확실하게, 그리고 친절하게 전달해야만 하는 것이다. 그것은 소비자가 이제 '나만의 스타일'을 찾기 위해 계속해서 진화하고 발전하기 때문이다. 웬만해서는 대충 속아 넘어가지 않기 때문에 '그런 척'이 아닌 '진짜'라고 믿을 수 있게 만들 마케팅 전략이 필요한 시대가 되었다.

이런 변화는 단지 물건이나 음식, 장소에만 한하지 않는다. 눈으로 보이지 않는 향도 그러하다. 그저 아름다운 향이 아닌 그 사람을 위한 '스타일이 있는 향'을 만들어야만 한다. 아르마니의 향수개발자였던 파브리스 페노는 흔하지 않은 독특한 향수를 만들기 위해 그라스(파트리크 쥐스킨트의 『향수』에 등장하는 그곳)를 여행하던 중 새로운 향수를 생각하게 되었다. 자스민, 아이리스, 장미 등의 기본 향을 가지고 즉석에서 고객의 스타일에 맞게 향을 만들어 내는 '메이드 투 오더' 방식을 개발한 것이다.

뉴욕 놀리타 지역의 엘리자베스 스트리트에 위치한 르 라보 향수 매장은 나무 바닥에 타일과 사각 테이블, 그리고 약병들이 어우러져 마치 화학 연구실 같다. '르 라보'라는 이름 또한 파브리스 페노와 동업자 에두아르도 로시의 연구실을 떠올리게끔 만들어 지은 것이다. 사실 내가 르 라보를 사랑하게 된 이유는 피우는 순간 촉촉하고 진한 향이 퍼져나가 방 안 전체를 부드럽게 감싸는 향초 때문이다. 특히 내가 좋아하는 향은 '프티 그레인 21'로 온갖 곡물과 대지의 식물 냄새가 촉촉하게 코로 스며든다. 손으로 금방 만든 것 같은 투박하고 아름다운 향초와 향수의 향은 그라스의 하늘과 꽃, 그리고 사람의 마음을 담아 편안하면서도 아름답다. 이곳의 특징은 신선한 향을 가지고 즉석에서 만들어 주는 것 외에도 상자에 고객의 이름과 유통 기한까지 기입한 스티커를 바로 붙여 주어 '진정한 나만의 향'을 갖게 해 준다는 점이다. 그런 이유로 언제나 '베티'라는 나의 이름이 들어간 르 라보를 곁에 두게 되었다.

# 24

# 리버티
### Liberty

수첩

조강지처를 버리면 안 된다. 한 우물을 파야 한다. 가던 길을 가야 한다. 그렇게 도 좋아하고 편하다며 몇 년간을 열심히 썼는데, 그만 외도를 하고 말았다. 다시 돌아가야겠다고 다짐했다. 내가 사랑하는 리버티 수첩의 품으로. 수첩에 대해 쓰는데 조강지처까지 운운하냐 하겠지만 그만큼 내게 있어 중요한 존재이기 때문이다. 수첩은 한 해 동안 나와 가장 긴밀한 관계를 맺는 사이다. 아무리 마음에 드는 가방도 매일같이 들 수 없고, 똑같은 옷을 입을 수도 없다. 그런데 수첩은 다르다. 매일같이 내 손에서, 가방 안에서, 친구들과의 만남에서, 일하는 자리에서, 나와 가장 많은 일을 하고 나의 사생활을 속속들이 알고 있다. 심지어 나의 사랑에 대해서도 가장 잘 아는 녀석이 바로 수첩이다. 그렇기 때문에 수첩은 항상 신중히 고르게 된다.

수첩을 고르는 나의 기준은 일단 겉모습이 마음에 들어야 한다. 너무 화려하거나 여성스럽지 않으면서도, 가방을 무겁게 하지 않는 가벼운 존재여야 한다. 그러면서도 무게가 느껴지는 확실한 존재감은 있어야 한다. 아마 남자를 찾아도 이렇게 까다롭게 찾을 것 같지 않다. 나의 모든 것을 터놓고 지낼 수첩이기에 인

2009

연을 찾는 것만큼 신중해야만 한다. 그러다 만났다. 런던의 리버티 백화점에서. 가죽에 아르누보 문양이 양각된 세련된 멋과 독특한 컬러가 내 마음을 움직였다. 두께도 얇아 무겁지 않고, 속지는 말 그대로 군더더기 없이 스케줄을 적을 수 있다. 나는 마치 멋진 남자를 만난 것 같은 기분이 들었다. 해마다 가장 트렌디한 색상을 표지에 사용하는 리버티 수첩에 푹 빠져 있었는데, 내가 그만 외도를 하고 말았다. '이제 나이도 좀 있고 하니 명품 브랜드의 수첩을 사용해 볼까'라는 마음에서 두꺼운 가죽으로 된 시스템 노트를 구입한 것이다.

처음엔 망설였다. 오랫동안 나를 편하게 해준 그 수첩에 미련도 있었고, 새로운 것에 대한 두려움도 있었다. 그래도 고가의 명품 수첩을 사용해 보고 싶은 마음에 바꾸긴 했지만 진정으로 사랑한 사람을 버렸을 때처럼 나는 벌을 받고 말았다. 명품이기는 하나 겉가죽은 너무 두껍고, 속지는 너무 작아 메모하기 불편하고, 각 나라의 알 수 없는 기념일과 행사는 왜 그렇게 많이 적혀 있는지 짜증스럽기까지 했다. 예쁘긴 하지만 속이 빈 강정 같았다. 벌써 새해가 시작된 지 두 달이 되어 가는데 새로운 명품 수첩에 아직도 적응을 하지 못하고 있다. 그리고 리버티 수첩의 편안함이, 가볍지만 세련된 멋이, 어떠한 메모도 가능한 스마트함이 그리웠다. 이제 와서 다시 돌아갈 수 없었다. 어쨌거나 일 년은 이 명품 수첩과 군소리 말고 살아야 하기 때문이다. 그러나 일 년 후 나는 돌아갈 것이다. 나의 리버티 수첩에게로. 그리고 말할 것이다. "내 인연은 바로 너였어!"라고.

# 25

# 리버티
Liberty

백화점

꽤 망설였다. 처음엔 백한 가지를 어떻게 다 채우나 싶었는데 쓰다 보니 이백 개 이상도 넘어 버릴 것 같다. 그렇게 추천하고 싶은 제품도 장소도 많은 내가 부끄럽기도 하여 웬만하면 덤덤하게 추천하고 싶었는데, 내게 있어 리버티는 수첩도 백화점도 'My Favorite Things in The World' 베스트 5 안에 모두 들어가기 때문에 리버티 수첩이 있음에도 불구하고 백화점까지 넣게 된 것이다.

한 번이라도 그곳에 가 본 사람이라면 나의 이런 마음을 이해하고도 남을 것이다. 클래식한 스타일을 선호하며 아날로그적 마인드를 가진 사람이라면 특히 그러하다. 그리고 그저 고가의 명품으로만 빼곡히 들어찬 국내 백화점의 현실을 생각할 때 더욱 그러할 것이다. 리버티 백화점은 클래식하면서도 세련되고, 예술적인 감성을 지녔으면서도 실속 있는, 전통적인 가풍이 있는 집안에서 태어난 귀족과 같다고 말한다면 이해하기 쉬울까. 그런 이유로 런던에 가면 테이트 모던과 함께 리버티 백화점은 꼭 들르게 된다.

1860년대 일본과 중국 등 실크 로드를 따라 무역을 했던 아서 래젠비 리버티가 런던에 동인도 관을 설립하여 시작하게 된 것이 바로 리버티 백화점의 시초이다.

리젠트 가(街)에 동인도 관을 열었던 19세기 말은 아르누보의 부흥으로 인해 매우 예술적이고 탐미적인 감각으로 가득했던 시대다. 이 당시 중근동, 인도, 극동에서 들어온 동양의 실크, 도자기와 부채, 불상, 칠보 자기는 유행을 일으켰다. 곡선적이고 우아하면서도 동양적인 요소가 들어간 아르누보 스타일은 리버티 백화점에서 비롯되었다고 해도 과언이 아니다. 오죽하면 '리버티 양식'이라는 단어가 사전에 등록되겠는가.

이러한 영향으로 지금까지도 로고체부터 시작해서 백화점 내부에 이르기까지 아르누보 스타일을 그대로 유지하고 있는데, 만약 아르누보 스타일이 어떠한 것인지 궁금하다면 리버티 백화점을 방문하면 좋을 것이다. 현재도 에스컬레이터가 없이 삐걱거리는 떡갈나무 소리를 들으며 쇼핑을 해야 하는 진귀하고 드라마틱한 경험을 할 수 있다.

개인 소유 백화점으로는 가장 오래된 건물답게 지하 1층에는 창업 당시의 분위기를 그대로 살린 중근동과 극동의 물품들이 전시되어 있다. 우선 정문에서부터 진한 감동을 주는 꽃집(너무나도 아름다워 나는 항상 앞에서 서성거린다)은 왕실 전담 플로리스트가 운영하고, 1층에 있는 향수와 문구류, 액세서리 코너는 리버티 스타일만의 독특한 제품들로 가득하다. 또한 빈티지 의류와 구두, 모자 코너 등은 다른 곳에서 볼 수 없는 스타일로 많은 패션 피플들에게 사랑받는다.

그러나 뭐니 뭐니 해도 내가 리버티 백화점에서 가장 사랑하는 두 장소는 바로 홈 데코 코너와 사랑하는 사람조차도 필요 없을 정도로 맛있는 스콘 세트를 파는 아트 바 카페이다. 특히 리버티의 홈 데코 라인은 전 세계적으로도 유명한데 극도로 섬세한 패턴과 함께 아름다운 식기와 가구들이 마치 오래된 고성(古城)처럼 연출되어 있기 때문이다. 떡갈나무의 향을 맡고 삐걱거리는 나무 소리를 들으며 세상에서 가장 아름다운 물건들을 보고 있노라면, 타임머신을 타고 19세기 말 동인도 제국의 화려함 속으로 빠져드는 듯하니 내가 어찌 리버티 백화점을 사랑하지 않을 수 있겠는가.

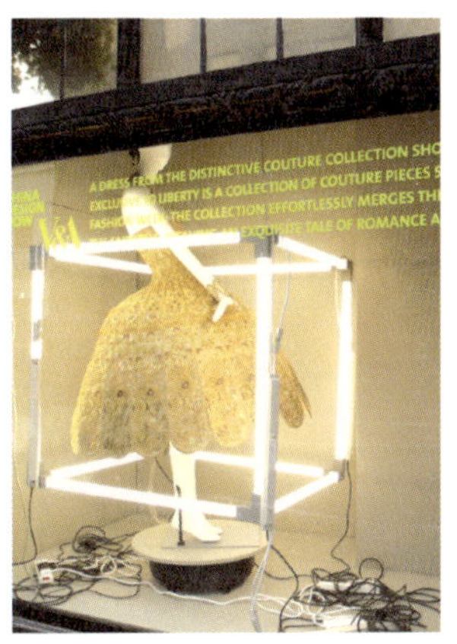

# 26

# 마리아 홀리기프트

MARIA the holygift

성물(聖物)

글쎄. 그게 참 오묘했다. 마음이 참 많이 힘든 어느 날, 아침 일찍 성당에 가서 기도를 하던 나는 문득 십자가 상이 필요하다고 느꼈다. 집에 십자가 상이 있음에도 불구하고, 나는 무엇인가에 이끌리는 사람처럼 청담동 성당으로 달려 갔다. 누군가 청담동 성당 앞 성물 가게에 너무나도 아름다운 십자가 상이 많다고 이야기했던 것이 떠올랐기 때문이다. 그곳에서 나는 나폴레옹 시대에 만들어진 십자가 상과 성모상이 너무나도 사랑스럽고 아름다워 한눈에 보고 반해버렸다. 마치 눈 내리는 수정공 세상을 들여다보듯 유리관 안의 성모상을 한참 들여다보고 있는 내게 점원이 말했다. "파리의 한 골동품점에서 발견했는데 저희도 너무나 아름다워서 모셔 왔어요." 예술 작품과도 같은 십자가 상과 성모상이어서 그런지 꽤 값이 나갔지만 지친 내 마음을 위로해 줄 것만 같아 구입했다. 마리아 홀리기프트는 1800년대의 앤티크 성물과 유럽 장인들의 수공예 작품을 주로 판매하는 곳이다. 유럽을 아무리 돌아다녔어도 어디에서도 본 적이 없었을 정도로 귀하고 아름다운 물건들로 가득하다.

CLASSIC STRONG MINT
MARVIS
75 ml e / NET WT. 3.86 oz.
DENTIFRICIO · DENTIFRICE · TOOTHPASTE · PASTA DE DIENTES · ZAHNPASTA
JASMIN MINT
MARVIS
75 ml e / NET WT. 3.86 oz.
TOOTHPASTE · DENTIFRICE · DENTIFRICIO
WHITENING MINT
MARVIS
75 ml e / NET WT. 3.70 oz.
DENTIFRICE · TOOTHPASTE · PASTA DE DIENTES · ZAHNPASTA
GINGER MINT
MARVIS
75 ml e / NET WT. 3.86 oz.
TOOTHPASTE

# 27

# 마비스

Marvis

치약

런던에 출장 갔을 때의 일이다. 치약을 사려는 내게 헤어 스타일리스트 주형선 (런던에서 활동하고 있는 한국인 헤어 스타일리스트로 현재 미우미우, 루이비통, 발렌티노 등 많은 광고와 쇼의 헤어 스타일을 담당하고 있다)이 예의 그 전라도 사투리로 말한다. "패션 피플이라면 이 치약을 사야제~!!"라고. 나는 해외 출장을 가면 치약을 사 모으는 이상한 취미가 있다. 대체적으로 미국과 프랑스에서 만들어진 유기농 제품들이 클래식한 디자인을 선보이는데, 내가 가장 사랑하는 것이 바로 이탈리아의 마비스 치약이다. 마비스 치약은 그린 색의 '클래식 스트롱 민트', 퍼플 색의 '재스민 민트', 오렌지 색의 '진저 민트'와 화이트 색의 '화이트닝 민트'로 나뉘어져 있다. 이 제품의 특성은 민트를 주원료로 사용하여 집에서 직접 만든 수제 치약과 같다는 것이다. 특히 마비스 치약을 사랑하는 이유는 바로 패키지 디자인 때문으로 매우 클래식하고 세련되었다. 글씨체부터 색상, 디자인으로만 본다면 콜레트 매장에 놓여 있는 제품 중의 하나 같다. 보기만 해도 기분이 좋아지는 색상은 나의 여행길을 즐겁게 만들어 주기에 충분하다.

*28*

# 만다리나덕

Mandarina Duck

러기지

지금은 그렇지 않지만 한동안 기자로 스타일리스트로 일할 때, 많을 경우 한 달에 두 번 이상 파리나 뉴욕에 갈 정도로 출장이 많았다. 뉴욕에서 돌아와 바로 다음 날 파리로 향할 때도 있었는데, 나의 얼굴을 기억하는 승무원이나 공항 면세점 직원도 있었다. 그렇게 많은 곳으로 출장을 다닐 때마다 내게 있어 여권만큼 소중한 것은 바로 여행용 가방이다. 화보 촬영이나 취재를 하기 위해 떠나는 출장인지라 언제나 짐도 한가득이다. 그렇기 때문에 가벼워야 하고, 튼튼해야 하며, 보안도 잘 되어야 하지만, 무엇보다도 보기에도 예뻐야만 한다. 그런 나의 욕심을 채워 줄 수 있는 여행 가방을 찾아 헤맸다. 처음에는 미국 브랜드 아메리칸 투어리스트를 사용했다. 누가 봐도 "나 여행 가방입니다"라고 말하는 것 같은 그 여행 가방은 튼튼하기는 하나 볼품이 없어 언제나 나의 차가운 눈길을 받아야만 했다. 다음은 루이비통의 타이거를 구입했다. 처음에는 너무나도 신나고 즐거웠다. 그린 색의 타이거는 보기에도 세련되고 클래식했기 때문이다. 내가 그 가방을 들고 여행을 할 때는 마치 돈 많고 세련된 남자와 다니는 것 같은 기분까지 들었다. 그런데 그게 다였다. 루이비통의 타이거는 돈 많고 세련되었지만 여자를 전혀 케어해 주지 않는 도도한 남자와 비슷했다. 모양은 세련되고 고급스러워도 가방이 돌덩이처럼 무겁고 바퀴가 없어 어깨가 빠져나갈 것 같았다. 이 가방을 들기 위해서는 브리트니 스피어스의 보디가드처럼 덩치 큰 남자가 옆에서 시중을 들어 주어야 했다. 그렇게 뽐내고 으스대던 루이비통 러기지는 결국 공항에서 가방째 도둑맞아 사라져 버렸다. 언제나 잘생긴 남자는 여자 맘에 상처 주고 떠나듯이 그 루이비통 가방도 그렇게 떠나고 말았다. 이후에도 이 가방 저 가방 들다 겨우 만나게 된 것이 바로 지금의 만다리나덕 러기지다.

만다리나덕은 이탈리아 브랜드답게 컬러 감각이 뛰어나다. 디자인 또한 세련되면서도 실용적이고, 튼튼하기까지 하다. 더군다나 물건을 아무리 집어넣어도 무게가 많이 나가지 않는다. 메이크업 아티스트 이경민 또한 만다리나덕을 애용하는데 그녀는 디자인과 실용성 때문에 사랑에 빠졌다고 한다. 가방 앞에 달려 있는 주머니는 복주머니처럼 봉긋하여 보기에도 좋고 여유분이 많아 수납도 용이하다. 가방의 커브 또한 다른 것에 비해 굉장히 곡선이 두드러지면서도 전체적인 실루엣은 매우 모던하다. 황금 비율로 디자인된 이 러기지의 색상은 모던하고 매니시한 블랙, 미니멀하면서도 세련된 브라운과 베이지, 감각적이면서 심플한 오렌지 등이 있다. 나는 블랙을 사랑하지만 여행할 때만큼은 오렌지 색을 애용하는데 눈에 잘 띄게 하기 위함이다. 오렌지 색 만나리나덕 러기지 덕분에 나는 편안하고 즐거운 마음으로 세계 곳곳을 누비고 다닌다.

# 29

# 만다린 오리엔탈 다라 데비

Mandarin Oriental Dhara Dhevi, Chiang Mai

호텔

새로 생긴 치앙마이 직항 비행기를 타고 간 만다린 오리엔탈 다라데비는 호텔이라기보다는 유적지 같았다. 영화 〈애나 앤드 킹〉에서 주윤발이 살던 시암 왕국의 궁전과도 같은 웅장함마저 지녔다. 타이 북부와 중국 남부 및 라오스와 미얀마에 걸쳐 발전했던 13세기 란나 왕국의 건축 양식으로 지어진 호텔에 들어서는 순간 입을 다물지 못했다. 60에이커에 달하는 엄청난 규모나 아름답고 웅장한 건축물에 압도되어 놓쳐 버린 정신 줄을 간신히 찾으면, 구석구석 섬세하게 만들어진 장식이나 인테리어, 소품들이 눈에 들어오게 된다.

우선 궁전과도 같은 호텔의 지붕이나 벽은 레이스처럼 섬세하게 조각되어 있고, 벽돌은 이끼를 기르고 퇴색시켜 마치 몇천 년의 세월이 흐른 유적지처럼 고풍스럽게 만들었다. 들어가는 커다란 입구나 지붕 밑에는 타이 전통 그림이 벽화처럼 그려져 있다. 메인 수영장 가까이에 있는 123개의 콜로니얼 스위트는 동양적인 건축물과는 달리, 서구 문명을 받아들인 개화기 건물처럼 고풍스러웠다. 복도와 방에 이어진 앤티크풍 전등에서 새어 나오는 불빛은 마치 〈화양연화〉를 보는 듯했다. 유럽식 인테리어의 콜로니얼 스위트와는 달리 온 가족이 즐기기에 안성맞

춤인 곳은 바로 개인 풀과 정원, 연못이 딸려 있는 빌라이다. 한 가족이 묵을 수 있는 크기의 파빌리온 빌라와 더불어 세 가족 정도가 묵을 수 있게 세 채의 풀 빌라와 정원으로 구성된 레지던스도 있었다. 빌라의 내부는 모두 황금빛 티크와 대리석, 타이 실크로 이루어져 고급스럽다. 딜럭스 빌라 또한 티크를 이용한 타이 북부 건축 양식으로 디자인된 복층 구조로, 방 안에 엘리베이터까지 설치된 최고급 럭셔리 빌라이다. 메인 풀 빌라와 콜로니얼 스위트, 그리고 빌라는 서로 한적하게 떨어져 있어 방해받지 않고 아늑하게 쉴 수 있다.

호텔 입구에 마련된 쇼핑가는 마치 영화 속 세트장처럼 아기자기하게 만들어져 운치가 있다. 타이 앤티크 가구점, 전통 의상점, '르 그랑 란나'라는 이름의 타이 레스토랑과 '푸지앙'이라는 중국 음식점, 그리고 파리의 생제르맹 데프레에 있는 카페 마리아주가 있다(나무가 우거진 치앙마이에서 파리에 있는 마리아주를 만난다는 것은 참 묘한 기분이다). 말이 쇼핑가이지 정말 『비밀의 화원』에 등장하는 듯한 비밀스러운 분위기의 쇼핑가 입구에서는 자수가 곱게 놓아진 천연 면과 실크 소재의 잠옷을 판매하는데, 그게 지금까지도 눈에 어른거릴 정도로 사랑스럽다.

merci Annick Goutal

# 30

# 메르시

Merci

멀티숍

파리 마레 지구에 있는 멀티숍 메르시에 들어서는 순간 나는 "Merci!!"를 외치고 말았다. 2009년 8월에 오픈한 후 유럽의 모든 패션지와 패션 피플들을 열광시킨 장소라는 이야기를 들었을 때만 해도 '뭐 별거 있겠어'라고 생각했다. 그러나 메르시에 들어선 순간 나는 감동을 금치 못했다. 허름한 건물 안쪽으로 들어서자마자 입구 앞 작은 마당에 전시되어 있는 피아트500을 보면서부터 환호성을 지르기 시작했다. 귀여워서 꼭 껴안아 주고 싶은 자동차 피아트500은 한 달에 한 번씩 멀티숍 내부 전시 내용에 맞게 바뀌는데, 내가 간 날은 마침 런던의 리버티 백화점과 협업하고 있었기 때문에 온통 작은 꽃 프린트로 도배되어 있었다(작은 꽃 무늬 프린트는 리버티 백화점의 대표적인 프린트다).

문을 열고 안으로 들어가면 천정에서 떨어지는 채광이 500평에 달하는 넓은 공간을 부드럽게 감싸고 있다. 지상 2층과 지하 1층으로 이루어진 총 3층 규모의 매장은 미치도록 사랑스럽고 아름다운 물건들로 가득하다. 메르시는 아동복의 명품 브랜드인 봉푸앙의 오너 마리 프랑스와 베르나르 코앙 부부가 만든 복합 패션 문화 공간이다. 아티스트와 협업한 전시회, 꽃집, 원단 가게부터 시작해서 독

특한 구두와 장신구, 샤넬이나 입생로랑 빈티지, 최근 가장 떠오르는 디자이너의
브랜드와 인테리어 소품과 가구에 이르기까지 최고의 감각들로 이루어졌다. 나
는 이곳에서 새 모양의 빈티지 브로치와 도로시의 신발처럼 반짝이는 아니엘 스
포츠의 플랫슈즈를 사고 마냥 즐거워했다. 특히 3층에 있는 인테리어 소품과 식
기는 정말 가슴이 벅차서 볼 수 없을 정도로 아름답다. 투박하고 잘생긴 원목 테
이블, 너무나도 섬세한 앤티크 샹들리에와 금방이라도 먹고 싶을 정도인 크림 색
의 접시들, 프로방스의 하늘이 연상되는 하늘색 가죽 소파를 두고 올 때는 차마
발길이 떨어지지 않았다.
메르시에서 내가 가장 좋아하는 장소는 바로 카페이다. 한쪽 벽면에 낡은 책들이
꽂혀 있는 좁은 통로를 지나면 작은 거실처럼 꾸며진 카페가 나오는데 이곳의 브
런치 세트인 참깨 베이글과 훈제 연어, 바질 크림 치즈 세트는 너무나도 맛있어
먹는 동안 눈물이 다 난다. 메르시의 수익금은 모두 마다가스카르 어린이들에게
기부된다고 하는데, 그들의 뜻깊은 마음씨가 전달되어 더욱 아름답게 느껴지는
듯하다.

# 메리케이
Mary Kay

미네랄 파우더 파운데이션

내가 메리케이 제품 중에 가장 사랑하는 것은 장미 모양의 손거울이다. 안소니의 장미꽃밭에서 금방 따온 것 같은 장미 손거울은 들기만 해도 나를 너무나도 여성스럽고 사랑스럽게 만들어 주는 것 같아 내 파우치 안에 항상 넣어 다닌다. 장미 거울을 꺼내들 때마다 사람들은 환호성을 지른다. "그 장미는 뭐예요?"라고. 장미 향수부터 바디크림, 향초에 이르기까지 장미에 열광하는 내게 완벽한 거울이 아니겠는가.

이 외에도 미네랄 파우더 파운데이션을 즐겨 사용한다. 사실 얼굴 성형을 오백 번 하더라도 피부가 예쁘지 않으면 모두 소용이 없다. 눈이 작고 코가 낮아도 피부가 하얗고 예쁘면 매력적으로 보이기까지 한다. 더군다나 요즘에는 작은 눈에 스모키 아이를 하는 것이 유행이지 않은가. 그러니 굳이 성형을 하지 않아도 자신의 개성을 살리는 것이 최고다. 그러나 피부는 다르다. 생기 있고 촉촉한 피부는 흰 티셔츠에 데님 팬츠나 검정색 원피스만 입어도, 하다못해 레이스 브래지어만 착용했을 때라도 여자를 가장 아름답게 만들어 줄 수 있다.

그러나 무리한 파운데이션 사용은 여자들의 얼굴을 마치 마스크를 쓴 것처럼 부

자연스럽게 보이게 하는데, 때로는 오후만 되면 눈 밑과 입가에 갈라진 논바닥처럼 깊은 주름이 생기기까지 한다. 이렇듯이 주름이 두드러지게 보이는 이유는 파운데이션을 지나치게 사용하기 때문이다. 버터 바르듯이 두껍게 바른 파운데이션이 주름 사이로 파고들며 '가뭄 날 갈라진 논바닥 효과'를 내는 것이다.

그래서 나는 파운데이션을 바를 때마다 주의하지만 요즘에는 그런 걱정이 필요 없게 되었다. 전 세계적으로 유행을 일으키고 있는 미네랄 파우더의 출현 때문이다. 자연에서 얻어진 미네랄 성분을 함유한 파우더가 나오면서 여자들은 페티코트로부터 해방되었을 때처럼 두꺼운 파운데이션으로부터 자유로워질 수 있게 되었다. 특히 파우더 형태의 제품으로 많이 사용되는 이유는 미네랄 성분이 파우더일 때 그 효과를 톡톡히 발휘하기 때문이다.

나는 메리케이의 미네랄 파우더를 사용하는데, 리퀴드 파운데이션을 많이 바를 필요가 없기 때문이다. 그저 피부 톤에 맞는 메이크업 베이스를 바르고 파우더를 귀여운 분통에 덜어 브러시로 슥슥 피부에 바르면 환하고 생기 있는 피부가 된다. 더군다나 미네랄 파우더는 모공을 막지 않아 무겁게 느껴지지 않고, 자연스러운 발광 효과로 생기 있게 보인다. 특히 메리케이의 미네랄 파우더 파운데이션에는 비타민 A, C, E가 함유되어 피부를 더욱 건강하게 만들어 준다.

# 32

# 메탈 푸앵튀스

Metal Pointu's

빅 링

레이저를 뿜을 것 같았다. 아니면 알라딘의 요술 램프 지니의 친구인 반지의 정령이라도 나올 것 같았다. 그래서 처음 메탈 푸앵튀스의 커다란 반지를 보며 나는 소원을 빌고 싶었다. 그 반지는 그냥 큰 것 정도가 아니라 무등산 수박만큼 커다란 알 장식의 실버 반지였다. 당시 이 반지를 끼고 다니면 내게 충고하는 이도 있었다. "그런 반지 끼면 누가 무서워서 연애하자고 하겠니." 메탈 푸앵튀스의 매력은 손으로 일일이 세공한 듯 울퉁불퉁하다는 점이다. 알의 색상 또한 호박색, 파란색 등 오묘하기까지 하다. 내가 가지고 있는 여러 개의 메탈 푸앵튀스의 반지 중 그 크기가 집채만 한 황금색 반지가 있었는데, 아마 지금까지 본 것 중 으뜸일 것이다. 사실 이 반지는 더 이상 내 것이 아니다. 멀리서도 한눈에 띄는 개성 넘치는 스타일리스트 리밍에게 이 반지를 선물로 주었기 때문이다. 클래식한 나보다는 오히려 리밍에게 더 어울릴 것 같았다. 그리고 얼마 후 행사장에서 만난 그녀는 반지를 멋지게 끼고 말했다. "선배~. 저 이 반지 매일 끼고 레이저 발사하고 다녀요. 고마워요~."

MAUBOUSSIN

# 33

# 모브쌩

Mauboussin

### 다이아몬드 목걸이

어릴 때 화려하고 멋지고 예쁜 사람과 연애할 것 다 해 본 사람이 정작 결혼할 때
는 가장 반대되는 사람과 결혼한다는 말과 똑같은 것 같다. 어렸을 때는 화려하
고 커다란 장신구만 눈에 띄더니 할 것 다 해 본 지금은 가장 심플하면서도 진정
으로 좋은 것에 눈이 가게 된다. 그중의 하나가 바로 다이아몬드 목걸이다. 예전
에는 스타일이 강하거나 독특한 것을 즐겨 했는데 이제는 너무 과하지 않고 다이
아몬드 하나만이 아름답게 빛나는 그런 목걸이를 원하게 되었다. 그런 이유로 모
브쌩의 다이아몬드 목걸이를 갖게 되었을 때 다른 어떤 것도 더 이상 눈에 들어
오지 않았다.

여배우 김민희가 레드카펫에서 암살라의 블랙 드레스를 입었을 때 그레이스 켈
리보다 더 아름다웠던 그녀의 스타일이 굉장한 화제를 모았다. 그것은 흑조가 연
상될 정도로 아름다운 드레스 때문도 있었지만, 커다란 드레스와 상반되게 절제
된 모브쌩의 다이아몬드 목걸이를 매치한 것이 더욱 눈에 띄었다고 한다. 만약
화려하거나 여성스러운 주얼리를 했다면 너무 과하게 느껴졌거나 여성스럽다며
고개만 끄덕거렸을지 모른다. 밤하늘의 별빛처럼 작게 빛나는 다이아몬드가 김

민희를 성숙한 여배우로 만들어 준 것이다.

까르띠에, 부슈롱, 쇼메, 반 클리프 앤 아펠과 함께 세계 5대 주얼리 브랜드인 모브쌩은 183년 된 전통과 역사를 가지고 있다. 모브쌩의 심벌이기도 한 별은 행운과 소망을 표현한 1930년 모브쌩의 대표적인 컬렉션에서 유래되었는데, 너무나도 아름다운 의미가 담겨 있다. 에트왈 에트왈(Etoiles Etoiles)이라는 이름의 별 심벌은 하늘의 별처럼, 사랑하는 사람을 지켜 주겠다는 소망을 담아 그 꿈을 실현할 수 있는 행운을 준다는 뜻이다. 정말로 눈물 없이 들을 수 없는 이 아름다운 이야기 때문에 사랑하는 연인들의 언약에 많이 사용되는 것 같다.

나폴레옹이 조세핀 황후에게 청혼할 때도, 윈저 공이 심슨 부인에게 사랑을 고백할 때도, 모브쌩의 다이아몬드는 언제나 빛을 냈다. 밤하늘의 별처럼 아름다운 사랑을 이룰 수 있다면 나는 영원히 모브쌩의 에트왈 에트왈 별 목걸이를 간직하고 살아갈 것이다.

# 몰스킨

Moleskine®

수첩

남편감은 아니지만 이런 연인이 있다면 성숙한 사랑을 할 것 같다. 모던하면서도 클래식하고, 세련되면서도 미니멀하고, 자신만의 확고한 철학과 개성을 가졌으면서도 나의 마음을 모두 담아 줄 수 있는 남자. 이런 완벽한 남자가 어디 있겠느냐마는 내게 있어 몰스킨 수첩은 그런 이성과 같은 존재다.

우선 생긴 것을 보자. 매끈하다. 그러나 경박스럽지 않다. 가죽(진짜 가죽이 아니지만)의 질감에서 클래식함을 느끼지만 절대로 진부하지는 않다. 속을 보아도 마찬가지다. 이것저것 속에 품고 있는 것이 없다. 그렇기에 나의 속마음을 편하게 털어놓게 된다. 내장된 아코디언 형 포켓은 실용적이면서도 겉모습은 고급스럽기만 하다. 200년 전통의 가문에서 태어났으면서도 잘난 척하지도 않는다. 무심한 척하면서도 예술적 감성으로 뭉쳐 있다. 더군다나 수첩 곁에 있는 밴드는 나의 마음을 흔들리지 않게 꽉 잡아 줄 것 같다. 정말 몰스킨 같은 남자가 있으면 너무나도 설레어 심장이 터질지도 모른다. 평생 같이 할 남편이기보다는 언제나 나를 설레게 하는 멋진 남자로 곁에 두고 싶다. 몰스킨 수첩은 내게 그런 존재이다.

앙리 마티스, 빈센트 반 고흐, 어니스트 헤밍웨이. 이름만 들어도 쟁쟁한 거장들

의 사랑을 듬뿍 받았다는 사실만으로도 그 존재감은 충분하다. 200년 전통을 지닌 몰스킨은 1997년 이탈리아에서 재탄생된 이후 지금까지 많은 사람의 사랑을 받고 있다. 『윤광준의 생활명품』이란 책을 보면 몰스킨에 대한 이야기가 너무나도 재미있게 쓰여 있어 감히 내가 다시 언급하기 민망하다. 그러나 나 또한 몰스킨을 사랑하는 여자(?)로, 그 애정만큼은 어느 누구에게도 뒤지지 않는다.

처음 몰스킨을 만났을 때는 아이디어나 스케줄 등을 끄적거렸다. 그러다 내가 천국과 지옥을 넘나드는 사랑을 하게 되면서부터 속마음을 몰스킨 수첩에 매일같이 털어놓게 되었다. 일기를 쓸 때나 아이디어를 적을 때는 언제나 그림도 끄적거리게 된다. 물론 파블로 피카소나 앙리 마티스와 같은 천재들의 스케치에 견줄 수는 없겠지만 나의 마음을 그대로 표현하는 그림과 글을 몰스킨에 잔뜩 채워 넣는다. 그렇기 때문에 몰스킨 수첩은 나의 침대 맡에 항상 놓여 있고, 심지어 출장 길에도 늘 동행하는 존재이다. 암스테르담의 반 고흐 미술관에 가면 1881년부터 1890년까지 고흐가 사용한 몰스킨 수첩이 소중하게 보관되어 있는데, 언제가 나의 모든 것을 적어 놓은 몰스킨도 그런 대접을 받을 날이 올지 누가 알겠는가.

# 35

# 미네타니

Minetani

## 스와로브스키 목걸이

옛 영화 〈전쟁과 평화〉에서부터 〈엠마〉 〈오만과 편견〉 등의 영화를 보면 내 눈에 가장 먼저 띄는 것은 바로 주얼리다. 그중에서도 마리 앙투아네트의 보석처럼 극도로 화려하거나 사치스러운 것보다는 작고 사랑스러운 초커(목에 달라붙는 목걸이)나 귀 밑에서 달랑거리는 귀고리가 눈에 들어온다. 이 영화들에 등장하는 주얼리는 빅토리아 스타일이다. 이 시대의 장식물은 새, 꽃, 리본과 같은 것들을 사용하고, 실버나 다이아몬드를 앤티크 가공하여 검게 그을린 것이 특징이다. 이러한 앤티크 스타일은 여자를 섬세하면서도 사랑스럽고 고귀하게 만들어 주는 단꿀 같은 존재다. 빅토리아 스타일의 장식물을 좋아하는 내가 너무나도 사랑하는 보석상이 있는데 그곳은 바로 미네타니다. 여배우 김지미를 닮은 미모의 보석 디자이너 안영미가 시작한 보석상 미네는 최고의 품질과 디자인으로 이미 심미안을 가진 이들 사이에서 정평이 나 있다. 그런 안영미의 두 딸인 김선영과 김선정이 어머니의 대를 이어 보다 새로운 콘셉트로 론칭한 미네의 세컨드 브랜드가 바로 미네타니이다.

미네타니는 미네의 화려하고 우아한 보석을 조금 더 모던하고 세련되게 변형시킨 라인으로 여배우들이 가장 선호하는 브랜드이기도 하다. 〈내 남자의 여자〉의 김희애와 〈내조의 여왕〉의 이혜영, 김남주부터 시작해서 레드카펫에서는 김혜수, 김아중, 고현정은 물론 김민희에 이르기까지 패셔너블한 여배우들이 주로 착용한다. 사실 미네타니는 처음으로 내가 직접 돈을 주고 보석을 구입한 곳이기도 하다. 핑크 진주 주변에 작은 꽃과 이파리가 정교하게 세공되어 있고, 그 위에는 작은 진주가 눈꽃송이처럼 심어진 빅토리아 스타일의 반지가 바로 그것이다.

패션의 마지막 단계라고도 하는 보석에 눈이 트이게 되면 그거야말로 골치 아픈 일이다. 가방이나 구두, 의상은 그래도 한정적이지만 보석만큼은 그 값이 천차만별로 달라지기 때문이다. 그런 이유로 미네타니에 갈 때마다 안대를 하고 가야만 한다. 핑크 골드와 위스키 다이아몬드(위스키 색상처럼 골드 빛을 내는 다이아몬드)가 매치된 섬세한 가공의 귀고리와 반지는 물론 크리스털 속에 다이아몬드 알갱이가 그대로 들어가 있는 아르누보 풍의 반지와 다이아몬드로 이루어진 작은 리본 핀, 다이아몬드를 절편처럼 깎아 주변을 세팅한 모던하고 클래식한 목걸이 등 너무나도 우아하고 세련된 스타일로 가득하기 때문이다.

특히 고가의 다이아몬드를 구입하지는 못하지만 미네타니의 감성을 즐기고 싶은 소비자를 위해 디자이너 김선영이 개발한 크리스털 주얼리 라인은 빅토리아 베컴도 울고 갈 지경으로 멋지다. 스와로브스키 크리스털과 협업하여 대담하면서도 정교하게 만든 목걸이 등은 벌써부터 화제를 모으고 있는데, 지난해 김혜수가 스타일 아이콘 어워즈에서 최고의 패셔니스타 상을 받을 때 착용한 목걸이가 바로 미네타니 스와로브스키다. 가끔 혼자 즐거운 상상을 하곤 한다. 이 다음에 딸을 낳는다면 미네타니의 아름다운 핑크 진주 반지를 물려주고 싶다고. 물론 그 전에 시집부터 가야겠지만 말이다.

# 36

# 미애

Miae

니트 카디건

"쌤님. 팬인데예~." 부산에 스타일링 클래스를 하러 갔을 때 일이다. 참 곱게 나이 든 아주머니가 내게 팬이라고 인사하는데 어째 스타일이 범상치 않다. 한국 사람들이 옷을 입을 때 취약한 부분이 바로 색상 배합인데, 새먼 핑크와 회색, 그리고 초록색을 적절하게 매치한 것도 그러하거니와 마르니와 에르메스를 섞은 스타일 또한 기가 막혔다. 특히 워싱 가공을 하여 구김이 생긴 새먼 핑크의 가죽 재킷은 길이가 짧아 라이더 재킷임에도 불구하고 사랑스럽기까지 하다. 서정적인 색상이 마치 마르니 같다.

"가죽 재킷이 매우 독특하고 세련됐는데요?"라는 나의 말에 얼굴을 붉히며 말한다. "쌤님. 이거 제가 만들었어예." 스타일이 예사롭지 않다고는 생각했지만 이 세련되고 우아한 라이더 재킷을 직접 만들었다는 말에 화들짝 놀라 물었다. "작지만 부산서 의류 브랜드를 하고 있어서~. 호호." 알고 보니 나긋나긋한 경상도 사투리를 쓰는 그녀는 '미애'라는 브랜드를 가진 패션 디자이너 홍미애였다. 그런데 내가 놀랐던 것은 의상을 전공한 것도 아니고 젊었을 때부터 브랜드를 시작한 것도 아니라, 옷을 하도 즐겨 입다 보니 뒤늦게 자신이 입고 싶은 옷을 직접

만들어 입고 싶다며 디자이너가 되어 버렸다는 것이다. 최근 들어 내가 가장 흥미롭게 생각하는 사람이 바로 이런 사람이다. 너무나도 열정을 가지고 빠져들다 보니 어느새 전문가보다 더 전문가가 되어 버린 사람들. 이들은 전문적으로 그 분야를 전공하지 않았음에도 전문가보다도 더 뛰어난 재능을 발휘하는 '전문인'이 된 것이다.

처음에 그녀의 옷을 보면서 어쩌다 한두 개 예쁜 것이 있겠지 생각했지만 그것은 나의 편견이었다. 돈도 쓰던 사람이 잘 쓴다고, 좋은 옷을 많이 입어 봐서 그런지 옷의 퀄리티와 디자인이 웬만한 수입 브랜드보다도 좋다. 특히 마르니가 연상되는 서정적인 스타일이면서도, 리본 장식이나 후드, 밴드, 지퍼 장식 등의 디테일을 과감하게 넣은 아방가르드한 스타일이 미애의 포인트다. 밑단이 밴드 처리된 스포티브 울 팬츠, 커다란 후드가 달린 아방가르드 트렌치코트, 워싱 가공한 네이비 컬러의 가죽 재킷 등 스타일도 다양하다.

그중에서도 내가 가장 사랑하는 것은 바로 니트 카디건이다. 그녀는 밍크 퍼와 니트를 재미있게 매치하는데, 특히 길이가 짧은 니트 카디건은 주머니에 밍크 퍼를 매치시켜 귀여우면서도 고급스럽고 여성스러우면서도 세련된 이미지를 연출하기에 그만이다. 그녀의 니트 카디건에 이사벨 마랑 면 소재 원피스나 쟈뎅 드 슈에뜨의 샤 스커트를 매치하여 사랑스러운 분위기를 연출하거나 스키니진을 매치하여 귀여우면서도 캐주얼한 스타일을 연출하곤 한다.

# 37

# 미우미우
MiuMiu

네이비 블라우스

어느 책에서 읽었는데 랄프 로렌은 열 가지 아이보리 색상을 가지고 와서 무엇이 가장 예쁜지 물어 본다고 한다. 딱 보기엔 모두 비슷해 보이지만 그의 눈에는 확실하게 달랐던 것이다. 미묘한 차이도 섬세하게 가려내기에 그렇게 아름다운 아이보리 색 컬렉션을 제시할 수 있는 것이다. 나는 랄프 로렌의 심정을 충분히 이해한다. 내가 매 시즌 구입하는 미우미우의 네이비 색 블라우스가 사람들 눈에는 비슷해 보일지 모르나 내 눈에는 모두 다르기 때문이다.

미우미우는 프라다의 세컨드 브랜드로 1993년에 론칭한 브랜드지만 지금은 소녀스러움과 세련됨, 그리고 섹시함과 클래식함을 선보이며 프라다(물론 성숙하면서도 예술적인 감성까지 돋보이는 프라다의 매력도 있지만)보다 더 대중의 사랑을 받게 되었다. 사실 이 글을 쓰기 위해서 너무나도 고심을 해야만 했다. 왜냐하면 나의 옷장 속에 가장 많은 브랜드가 바로 미우미우이기 때문이다. 하나의 특정 브랜드보다 각각의 개성과 아름다움을 존중하는 나는 어느 한 브랜드에 치중하지 않지만, 미우미우만큼은 매 시즌 꼭 사는 아이템들이 있다. 소녀스러운 단아함과 여성스러운 클래식함이 언제나 돋보이는 코트가 그렇고, 크리스털 장식의 반짝이 구두, 알리 맥그로를 연상시키는 세련되면서도 편한 백과 네이비 색의 블라우스가 바로 그러하다. 이 네 가지는 새로운 시즌이 시작될 때마다 도장을 찍는 것 마냥 꼭 하나씩 구입하는데, 그중에서도 오랫동안 즐겨 입게 된 것이 바로 네이비 색 블라우스다.

처음 밀라노 컬렉션에 취재 갔을 당시 구입하게 된 네이비 색 블라우스는 사진에서 보는 것처럼 아무런 디자인도 없는 박시한 반팔 블라우스였다. 단추 장식조차 없는 이 무심한 블라우스가 어찌나 매력적이던지. 네이비 색이 주는 차돌처럼 단단한 이미지와 박시한 실루엣이 주는 편안함을 고급스러운 실크 소재가 부드럽게 감싸 내공 있어 보였다. 실제로 이 블라우스 하나만 입을 때는 그 자체만으로 세련되면서도 여성스럽다. 그러면서도 블랙 추추 스커트건, 매니시한 블랙 팬츠건, 캐주얼한 데님 팬츠건, 아방가르드한 재킷이나 섹시한 재킷이건, 모두 어울리는 그야말로 당당하면서도 온유한 존재로 나의 사랑을 받고 있다. 이후로 리본 장식, 여성스러운 스타일 등 다양한 네이비 색 블라우스를 구입했는데, 무엇을 입건 간에 나를 세련된 분위기로 만들기에 그 매력에 빠져들게 된 것이다.

옷장 속에 담담하게 걸려 있는 나의 네이비 색 블라우스를 보면 부러울 때가 있다. 자신을 낮추어 상대를 맞춰 주면서도 혼자 있을 때는 그처럼 의연하고, 너무 감정적이지 않게 세련되면서도 과하지 않게 사랑스럽고, 너무 호들갑스럽지 않게 편안한 것이 참으로 아름답고 당당하다. 때때로 생각한다. 나 또한 그런 여자가 되고 싶다고 그렇게 생각하며 옷장에서 미우미우의 네이비 색 블라우스를 꺼내 입는다.

# 38

# 미키모토

Mikimoto

진주

"내가 사랑을 하고 싶을 때 원피스를 입는다면, 내가 아름다운 여자로 보이고 싶을 때는 진주를 몸에 걸친다." 몇 번이고 말을 하지만 나를 가장 여성스럽게 만들어 주는 것을 이야기하라면 바로 진주이다. 옷을 사랑하는 여성들의 바이블인 영화 〈섹스 앤 더 시티〉에서 인상적이었던 장면이 있다. 그것은 바로 파자마 위에 한 줄짜리 오페라 진주 목걸이(가슴 부분에 오는 길이의 진주 목걸이로 귀부인들이 오페라를 보러 갈 때 즐겨 착용했던 것에서 유래했다)를 걸치고 미스터 빅의 옆에 누운 사라 제시카 파커의 모습이었다. 매우 고전적이고 드레시한 오페라 진주 목걸이를 파자마 위에 걸친 그녀의 센스에 나는 기립 박수를 쳐 주고 싶었다. 물론 스타일리스트 패트리샤 필드의 아이디어라고는 해도 어찌나 인상적이었던지 나도 한번 길이가 긴 진주 목걸이를 하고 자다 목에 줄이 감겨 질식사할 뻔했었다.

이젠 웬만한 여성들도 알 정도로 나는 진주를 사랑한다. 미팅 상대나 스타일링 클래스의 수강생들이 나를 의식하고 진주를 하고 오기도 할 정도니 '진주 홍보대사'로 불려도 될 듯하다. 만약 양식 진주를 발명한 코이치 미키모토가 이 사실을 안다면 내게 상이라도 줄 것이다. 코이치 미키모토는 생명체로부터 유일하게

얻어진 유기질 보석인 진주가 멸종 위기에 처하게 되자 양식 진주를 개발했다. 1893년 해수(海水)에서 채취한 아코야 진주에 자개 핵(核)을 삽입하여 반원의 진주를 양식하는 데 성공한 것이다. 한 남자의 무모한 꿈에서 비롯된 양식 진주의 발명은 수없이 많은 여자들에게 행복을 안겨 주게 되었다고 해도 과언이 아니다. 오죽하면 당시 토머스 에디슨조차도 파리 만국 박람회에 출품된 그의 발명품(양식 진주)을 칭송했을까.

사실 사람들은 진주를 '눈물의 보석'이라고 말하며 좋은 날에 착용하는 것을 걱정하기도 한다. 그러나 해외의 경우 오히려 그 반대이다. 핵을 넣은 진주가 진정한 아름다움을 뿜어내며 탄생되기까지는 고통스럽고도 긴 시간이 걸리고, 또 제대로 된 형태로 만들어지기도 힘들다. 건강한 모패에서 제대로 된 진주를 채취할 수 있는 경우는 고작 10퍼센트 정도에 불과하며 진주에 육안으로 구별할 수 없을 정도의 작은 흠집만 생겨도 사용할 수 없다(그 아까운 진주들은 화장품이나 장식품으로 사용된다고 한다). 또한 진주조개는 깨끗한 바다에서밖에 서식할 수 없어 조금이라도 오염되면 모든 조개를 남태평양의 깨끗한 바다로 옮기고, 또 다시 제자리로 옮기는 등 온갖 정성을 들여 탄생시키는 것이다.

진주는 결국 '고통을 이겨내고 탄생한 생명체'이다. 그렇기 때문에 해외에서는 결혼식이나 청혼 예물로 진주를 애용한다. 그레이스 켈리는 레니에 공으로부터 반클리프 앤 아펠의 진주 목걸이를, 매릴린 먼로는 조 디마지오로부터 미키모토의 진주를 청혼 선물로 받았다. 나는 미키모토의 진주 귀고리와 스트렌드(가장 기본 길이의 진주 목걸이)를 가지고 있는데 파란색 케이스를 열 때마다 어찌나 마음이 뿌듯한지. 그 부드럽고 우아한 형태도 그렇고, 은은하고 총명하게 보이는 빛과 색상도 그렇고, 미키모토의 진주는 나를 천생 여자로 만든다.

BOBBI BROWN
LONGUE TENUE

# 39

# 바비 브라운

## Bobbi Brown

롱웨어 젤 아이라이너

내가 스모키 아이 메이크업을 하려는 것은 멋지게 보이거나 나름대로의 매력적인 분위기를 연출하기 위해서지 검게 번진 눈을 하고서 괴기 영화를 찍기 위함은 아니다. 그렇기 때문에 지워지지 않는 제품을 찾아 헤매던 내게 모든 메이크업 아티스트들이 추천해 준 것이 바로 바비 브라운의 롱웨어 젤 아이라이너였다. 아마 모르긴 몰라도 전 세계의 스모키 아이를 하는 유명 연예인들 또한 대부분 바비 브라운의 롱웨어 젤 아이라이너를 사용할 것이 분명하다. 바비 브라운의 젤 아이라이너는 부드럽고 진하게 피부에 착색되어 잘 지워지지 않는 데다 지속력도 강하다. 밤새 클럽이나 파티에서 놀아도, 남자 때문에 속상해서 눈물을 흘려도, 흐트러짐이 없이 꿋꿋한 모습을 유지할 수 있다. 물론 이제는 '우는 기술'이 생겨 지워지지 않게 잘 울 수 있게 되었지만, 번지지 않는 이 아이라이너는 스모키 아이에는 더없이 그만이다. 나의 스모키 아이는 만족감을 위해 팬더처럼 크게 그렸던 예전과는 달리 이제는 속눈썹 사이를 얇게 메워 주는 부드럽고 섹시한 스타일로 바뀌었다. 그래도 나의 바비 브라운 롱웨어 젤 아이라이너 사랑은 변함없이 지속될 것이다.

BY TERRY
TOUCHE VELOUTÉE

# 40

# 바이 테리

by Terry

### 컨실러 터치 벨루테

"나이 들어 보이지 않는 메이크업은 없을까요?" 사람들이 메이크업 아티스트에게 가장 많이 물어 보는 질문일 것이다. 젊어 보인다는 것은 피부가 생기 있고 촉촉하게 보인다는 이야기다. 그러기 위해 제일 신경 써야 할 것이 바로 피부 표현이다. 여드름 자국이 있어도 투명하게, 건성이어도 촉촉하게 만들기 위해서는 피부 커버에 중점을 두어야 하는데, 절대 금물인 것이 바로 파운데이션을 두껍게 바르는 것이다. 그렇기 때문에 때때로 나는 파운데이션을 바르지 않고 컨실러를 얇게 펴 바를 때가 있다. 특히 바이 테리의 터치 벨루테(Touche Veloutée)는 촉촉하고 맑은 피부를 만들어 준다. 브러시로 컨실러 제품을 얼굴 전체에 얇게 펴 바르고, 기미 자국이나 다크 서클 부분에는 조금 더 두껍게 발라 준 후, 가볍게 미네랄 파우더로 마무리를 하면 얇고 생기 있는 피부가 되고 하루 종일 화장도 지워지지 않는다. 나의 경우 얼굴색이 밝은 편이어서 2번을 사용한다. 얼굴의 윤곽을 살려 주고 싶을 때는 약간 어두운 3번으로 이마 위쪽, 양쪽 볼 옆과 코 주변에 그림자를 넣어 주면 얼굴에 자연스럽게 입체감이 생기며 작아 보인다.

BIODERMA
LABORATOIRE DERMATOLOGIQUE
VISAGE & YEUX
Créaline
H2O
SOLUTION MICELLAIRE
DERMO - BREVETÉ
PEAUX SENSIBLES
Nettoie, démaquille, apaise
SANS RINÇAGE - HYPOALLERGÉNIQUE
SANS PARFUM
500 ml e

# 41

# 바이오더마

Bioderma

크레알린 H2O 세안액

얼마 전 〈올리브 쇼〉 방송 때문에 파리 출장을 갔을 때, 나의 메이크업을 위해 런던에서 온 메이크업 아티스트 김미경이 말했다. "실장님, 이 제품 한번 사용해 보세요. 이곳 메이크업 아티스트들은 모델들이 꼭 찾기 때문에라도 모두 바이오더마의 세안액을 챙겨 다녀요. 모공 속의 노폐물까지 깨끗하게 닦아 주면서도 순하기 때문에 피부에 매우 좋아요." 그녀의 말을 듣던 서꽃님이 말한다. "언니, 이거 눈에 들어가도 아프지 않을 정도로 순한 데다 내 눈화장도 깨끗하게 지워 줘." 파리의 유명 홍보대행사인 미셸 몽타니에서 근무하는 서꽃님에 대해 설명하자면, 가녀린 이름과는 달리 외모는 라라 크로포드만큼 강렬하다. 머리카락을 윗부분만 남겨두고 모두 삭발한 그녀는 눈두덩을 모두 뒤덮는 강력한 '울트라 스모키 아이'를 하기 때문이다. 제퍼슨 핵(케이트 모스의 옛 연인이자 잡지 〈데이즈드 앤 컨퓨즈드〉의 편집장)도 그녀를 한 번 보고 기억하고 말았을 정도인데, 그런 울트라 스모키 아이를 깨끗하게 지워 준다는 말에 나는 귀가 번쩍 뜨일 수밖에 없었다. 약국에서 판매할 정도로 피부에 순한 바이오더마의 크레알린 H20는 팬더의 검은 눈까지도 지워 줄 수 있지 않을까 싶다.

# 42

# 발렉스트라

Valextra

핸드 캐리어

내가 처음 발렉스트라를 본 것은 바니스 뉴욕 매장에서였다. 우연히 1층 매장을 지나가다 무엇인가 나를 강하게 부르는 것 같은 느낌이 들어 뒤를 쳐다보니, 고귀하고 아름답게 생긴 이 아이가 나를 부르고 있었다. "언니, 언니. 저 좀 보고 가셔요. 제 이름은 발렉스트라에요"라고. 최면에 걸린 사람처럼 나는 가던 길을 멈추고 발렉스트라 앞으로 갔다. 일일이 손으로 만든 수제품이라는 것은 한눈에 봐도 알 것 같다. 발렉스트라는 이탈리아 명품 수제 가죽 브랜드로 견고하면서도 감각적인 디자인으로 유명하다. 꼼꼼한 바느질부터 실크 소재로 만들어진 세련된 수납 주머니, 과하지도 덜하지도 않은 실루엣과 크림처럼 하얀 가죽이 정말로 매력적이다. 마치 페데리코 펠리니의 영화에 나오는 주인공들처럼 그렇게 이탈리안의 감각이 살아 숨쉰다. 바퀴가 있는 캐리어 가방도 있지만 불편함도 감수하고 싶어지는 바퀴 없는 캐리어 가방에 나는 더 매력을 느낀다. 잘생긴 남자들 대부분이 가지고 있는 의도하지 않은 이기심과 도도함에 매력을 느끼는 여자의 심정이랄까. 어쩌겠는가. 힘들어도 참고 인내해야만 그 매력을 만끽할 수 있는 순간도 온다는 사실을 발렉스트라를 통해 다시 한 번 뼈저리게 느끼게 된다.

# 43

# 버버리

Burberry

레인 부츠

내가 버버리의 레인 부츠를 처음 본 것은 지금으로부터 십여 년 전, 〈바자〉의 패션 에디터 시절 뉴욕에 취재 갔을 때 일이다. 케이트 스페이드를 인터뷰하기 위해 그녀가 일하는 뉴욕 사무실에 간 날은 부슬부슬 비가 내리고 있었다. 사무실 안을 돌며 취재에 열중하고 있는데 나의 눈에 띄는 한 여인이 있었다. 그녀는 케이트 스페이드의 어시스턴트 디자이너 중의 한 명으로 블랙 터틀넥에 블랙 스커트를 입고 버버리의 레인 부츠를 신고 있었는데, 그 모습이 어찌나 어여쁘던지. 나는 하마터면 그녀에게 다가가서 "오늘의 베스트 드레서입니다"라고 말하며 상을 줄 뻔했다. 그 후 나는 애타게 아이를 찾는 어머니의 심정으로 버버리의 레인 부츠를 찾아 헤맸다. 얼마나 그 레인 부츠 찾기에 열을 올렸던지 광고 에이전시의 담당자가 일본에서 발견했다며 내게 생일 선물로 공수해다 준 것이 지금의 버버리 레인 부츠다. 이렇게 오만 호들갑을 다 떨어 구한 버버리의 레인 부츠는 비가 오는 날이면 그 진가를 발휘하며 나를 기쁘게 해 주었다. 맑은 날이 계속되면 은근히 비가 오길 기다렸고, 비가 올 때면 설레는 마음으로 외출 준비를 할 수 있었다.

Glamorous Gabbi
by
Benefit

# 44

# 베네피트
## Benefit

파우치

아주 매력적이다. 꼬집어 주고 싶을 정도로 얄밉기도 하다. 어딘가 무심하게 보이는 그 얼굴이 은근 도발적이면서도 사랑스럽다. 베네피트 파우치의 개비 (Gabbi)는 암만 봐도 귀여워 미칠 것만 같다. 꼼꼼하면서도 얄미운 성격이긴 하지만 내 물건만큼은 확실하게 보살펴 줄 것 같아 이제는 여행길 동무가 되었다. 너무 크지도 않고 작지도 않은 기막힌 사이즈는 여행 가방 안을 가볍게 만들어 주고, 수납하기 좋은 깊이에 샴푸부터 린스, 오일까지 이것저것 챙겨 넣을 수 있다. 〈환상의 커플〉의 무표정한 안나(한예슬 분)처럼 싸가지 없으면서도 사랑스러운 말을 툭툭 내뱉을 것 같다. 더군다나 클래식한 스타일은 고급스럽기까지 하다. 클래식 스타일하면 떠오르는 여배우 최화정과도 매우 어울리는 파우치다. 베네피트 제품은 여자들의 마음을 사로잡는 매력을 가지고 있다. 특히 어여쁜 배씨나 (Bathina)가 윙크하고 있는 '바디 소 파인'은 또 다른 나의 베스트 아이템으로 메이크업 아티스트와 셀러브리티 들의 파우치에 꼭 들어 있는 필수품이다. 슬리브리스를 입을 때 어깨와 팔, 다리 등을 윤기 있고 매끄럽게 만들어 주는 마법의 아이템이기에 사랑을 받는 것이다.

# 45

# 불가리

Bulgari

유색 보석반지 파렌티지

앤디 워홀은 말했다. 불가리 숍에 들르는 것은 컨템포러리 아트 전시회를 방문하는 것과 같다고. 나는 그 말을 충분히 이해할 수 있다. 다른 보석 브랜드와는 달리 불가리는 보석이라기보다는 하나의 예술작품과도 같은 모던함과 유니크함을 가지고 있기 때문이다. 섬세하기보다는 굵직하고, 아름답기보다는 강렬하며, 모던함과 클래식함을 모두 가지고 있는 것이다. 그래서 1980년대 글램 룩을 연출하거나 강렬한 화보 촬영을 할 때는 언제나 불가리의 보석을 협찬받곤 한다. 지극히 섬세하고 클래식한 스타일을 좋아하는 내가 불가리 보석을 좋아하는 이유는 바로 다른 곳에서는 볼 수 없는 아름다운 유색 보석 때문이다. 아직 경제적으로 여유가 없어 불가리의 반지를 티셔츠 구입하듯이 척척 살 수는 없으나 내겐 꿈의 반지가 하나 있다. 그것은 바로 황수정과 다이아몬드가 파베 세팅된 파렌티지(Parentesi)이다. 나는 손이 크고 통통한 편이어서 칵테일 반지를 좋아한다. 알 크기가 큰 칵테일 반지는 모던한 의상을 입을 때도 캐주얼한 의상을 입을 때도 드라마틱하게 보이는 힘을 가지고 있기 때문이다. 그러므로 파렌티지는 나에게 완벽한 꿈의 반지인 것이다.

BLACK
COMME des GARÇONS
XS
COMME des GARÇONS

# 블랙 꼼데가르송

Black Comme des Garçons

도트

만약 피치 못할 사정으로 어렸을 때 어머니와 헤어지는 일이 일어난다 해도, 우리는 서로를 확실하게 알아볼 수 있다. 유전자 감식을 굳이 하지 않아도 모녀임을 입증할 수 있는 것은 바로 취향이 똑같다는 점이다. 진주, 블랙, 리본, 꽃 장식, 스트라이프와 함께 가장 좋아하는 패턴 또한 도트 패턴이다. 도대체 어디서 구입했는지 도트 원피스는 물론 스타킹과 우산, 심지어 어머니의 선글라스에도 땡글땡글 도트가 있다. 가끔은 너무 많은 도트로 인해 어머니를 보고 있노라면 색맹 검사를 받는 것 같은 기분이 들 때도 있다. 어쨌거나 어머니의 유전자는 그대로 이어져 나에게도 '도트 세포'가 생성되었다. 그런 나를 감격스럽게 만드는 브랜드가 있으니 바로 블랙 꼼데가르송이다. 도트로 된 저지 탑부터 시작해서 니트, 지갑, 수첩 등 다양한 도트 패턴 아이템을 선보이는 블랙은 유니크하면서도 독특하고 아방가르드하면서도 세련된 스타일을 자랑한다. 도트는 1960년대 아메리칸 클래식을 표현하기에 좋고, 별다른 액세서리를 하지 않아도 화려한 분위기를 연출할 수 있어 좋다. 도트 패턴의 옷을 입을 때는 붉은색 립스틱이나 매니큐어를 발라 주면 한층 세련된 분위기를 연출할 수 있다.

VIDI VICI
Soft Glow Foundation
SPF 14
30ml / 1.0 FL.OZ.
VIDI VICI
LIGHT TREATMENT
NET WT. 30 ml

# 47

# 비디비치
Vidivici

메이크업 베이스 · 리퀴드 파운데이션

자랑스럽다. 친분이 있어 이러는 것이 아니다. 그저 자랑스럽고 대견하다. 해외 브랜드 제품에 비해 제품력이 손색이 없기 때문이다. 더군다나 더 뛰어나면 뛰어났지 비슷하지도 않다. 처음에야 친분 때문에 사람들에게 써 볼 것을 권유했지만 이젠 그럴 필요도 없다. 많은 메이크업 아티스트들이 이경민이 개발한 비디비치의 트리트먼트 메이크업 베이스와 리퀴드 파운데이션을 사용하고 있는 것만 봐도 알 수 있다. 또한 까다롭기로 유명한 여배우들도 비디비치 메이크업 베이스와 파운데이션을 인정한다.

사실 비디비치의 제품 가운데 무엇을 넣을까 고민했다. 왜냐하면 그녀가 개발한 스몰 페이스 키트 또한 이제는 내 파우치에 없어서는 안 될 존재가 되었기 때문이다. 스몰 페이스 키트는 도시락 통처럼 여러 겹으로 된 용기 안에 아이섀도, 치크, 립글로스부터 아이브로와 앞머리를 메울 수 있는 브라운 톤 파우더까지 들어있어 모든 것이 한 번에 해결되는 마법의 케이스다. 청담동 남자들조차도 스몰 페이스 키트를 사랑한다. 지금은 해외의 코스메틱 브랜드까지 비상한 관심을 보이고 있는 아이디어 상품이 되었다.

그렇게 알라딘의 요술 램프 같은 강력한 마법을 부리는 스몰 페이스 키트의 존재에도 불구하고 내가 트리트먼트 메이크업 베이스와 리퀴드 파운데이션을 추천하는 이유는 정말 다른 제품과 비교했을 때 질감부터 다르기 때문이다. "은영아. 메이크업을 할 때 가장 중요한 것은 촉촉하고 정리된 피부야. 기초가 튼튼하지 않으면 아무리 두껍게 발라도 소용이 없어. 그래서 언니가 메이크업 베이스를 신경 써서 만든 거야. 촉촉한 피부를 만들기 위해서"라며 그녀는 언제나 피부를 먼저 정리할 것을 강조했다.

그렇게 이경민의 강한 의지로 탄생한 것이 바로 트리트먼트 메이크업 베이스다. 영양 크림이나 보습 크림이 아님에도 불구하고 이것을 먼저 바르고 화장을 시작하면 피부 톤이 생기 있어 보여 이제 나에겐 없어서는 안 될 존재가 되었다. 메이크업 베이스로 정리된 피부 위에 리퀴드 파운데이션을 발라 주게 되면 각질이 밀리거나 피부가 유분으로 가득하게 되지 않는다.

사실 여자들은 아름다워 보이고 싶은 욕망보다 어려 보이고 싶은 욕망이 크다. 어려 보일 수 있다는 것은 결국 촉촉한 피부에서 시작되는데 파운데이션을 너무 두껍게 바르면 주름이 강조되어 더욱 나이 들어 보이는 결과를 초래한다는 사실을 명심해야 한다. 만약 촉촉하고 생기 있는 피부를 원한다면 트리트먼트 메이크업 베이스와 리퀴드 파운데이션을 얇게 바르고 미네랄 파우더로 살짝 마무리를 하면 소녀시대 같은 피부를 만들 수 있게 된다.

# 48

# 사카이 럭

Sacai Luck

화이트 티셔츠

티셔츠 한 장을 입고도 바로 여성스럽고 사랑스러울 수 있어 좋다. 더군다나 이 한 장의 티셔츠는 나를 매우 예쁘고 소녀스러운 여자로 만들어 주기까지 한다. 그렇다고 롤리타처럼 과하게 소녀스럽지는 않다. 아주 발랄하고 사랑스럽지만 건강함이 느껴진다.

"누나한테 정~말 잘 어울릴 것 같아." 스타일리스트 정윤기가 예의 조용하지만 단호한 어투로 말하며 내게 건네준 것이 바로 사카이 럭의 화이트 티셔츠였다. 기본 면 티셔츠임에도 불구하고 매력적이고 사랑스러웠다. 그렇다고 굉장히 화려하거나 죽도록 감각적인 디자인이라기보다 그저 귀여운 화이트 티셔츠인데도 불구하고 자기 성격이 뚜렷하게 느껴졌다. 쇄골이 예쁘게 보이는(여자의 쇄골은 중요한 포인트다) 깊은 브이넥은 안감으로 덧대어져 오글거리고, 어깨에는 역시 안감 소재로 프릴 장식이 살짝 되어 있다.

니트로 유명한 사카이의 세컨드 브랜드인 사카이 럭은 면 티셔츠를 주로 만든다. 니트에 안감 소재를 프릴 장식하여 여성스러우면서도 감각적인 스타일을 선보이는 사카이답게 평범할 것 같은 면 티셔츠를 슬림한 실루엣과 작고 앙증맞은 가슴

sacai luck

주머니, 안감으로 만들어진 프릴 장식으로 세련되게 승화시켰다. 사카이 럭의 화
이트 면 티셔츠는 데님 팬츠를 입어도 소녀스러움을 잃지 않게 하는 조용한 내공
을 지니고 있어 나의 사랑을 받게 되었다.

Officina Profumo Farmaceutica
di
Santa Maria Novella
Casa fondata nel 1612

# 산타마리아 노벨라

Santa Maria Novella

포푸리

향(香)이 살아 있다는 표현을 한다면 믿을 수 있을까. 그렇다. 산타마리아 노벨라의 향초와 포푸리에서 나는 향은 공기로 떠올라 한 번 부드럽게 춤을 추고 나의 코로 들어와 뇌와 심장을 자극하는 매력을 가졌다. 특히 산타마리아 노벨라의 대표 아이템이기도 한 포푸리는 모든 식물의 향이 생생하게 살아있다. 라벤더와 들판의 이름 모를 들꽃, 촉촉한 대지의 흙 냄새와 지중해의 공기까지 그대로 테라코타 항아리에 밀봉되어 숙성되기 때문에 그 향이 제대로 살아나게 되는 것이다. 일본의 톱 스타일리스트 소니아 박 또한 그녀의 책에서 산타마리아 노벨라의 포푸리 비단 향낭을 추천했다.

나는 핸드 페인트 도자기에 든 포푸리를 사용하고 있는데, 아름다운 로고가 들어간 실크 파우치 또한 〈장미의 이름〉에서 떠오르는 고귀함이 있다. 사실 나는 산타마리아 노벨라의 로사 향초 마니아이기도 하다. 다른 장미 향초에 비해 처음에는 진하지 않지만 켜 놓고 있으면 알라딘의 요술 램프의 요정 지니처럼 스물스물 향이 올라와 방안을 부드럽게 감싸준다. 산타마리아 노벨라의 향초는 대부분 화학 성분이 들어가지 않은 칼마 오일과 비즈 왁스를 사용하여 태워도 독성이 나오지 않아 창문을 닫고도 안심하고 오랫동안 켜 놓을 수 있다.

1221년 도미니코 수도회 소속 신부들이 피렌체에 정착하여 설립한 산타마리아 노벨라는 세계에서 가장 오래된 약국 중 하나였다. 수도사들을 위한 진료소에서 사용할 약, 방향제, 향유 등을 만들기 위해 정원에서 직접 약초들을 재배하기 시작한 이후 1567년 메디치 가(家)의 코시모 1세의 명을 받아 건축가 조르지오 바사리가 개축한 성당에서 수도승들의 건강을 위해 직접 약초를 재배하며 약품 조제를 했다. 그것이 1612년 소트카나 지방의 대공 페르난도 디 메디치 1세로부터 승인을 받게 되면서 공식적인 약국이 된 것이다. 그리고 신비로운 약의 효능에 대한 명성이 수도원 바깥으로 퍼져나가 일반인들에게도 개방하여 판매하게 되었고, 이후 약제 신부들이 개발한 뛰어난 처방전은 18세기에 이르러서는 러시아와 인도, 중국에까지 퍼지게 되었다. 지금도 제품에 들어가는 엄청난 양의 약초들은 피렌체 주변의 자연에서만 재배되기 때문에 수량도 한정적으로 생산되고 있다. 4대에 걸쳐 이어진 산타마리아 노벨라는 현재 전통 제조 방식을 전혀 훼손하지 않은 채 혁신적인 기법을 도입하여, 최고의 원료와 전통 약초, 그리고 천연 오일만을 이용하고 있다. 그러하기에 신이 내린 향을 풍길 수 있는 것이 아닐까.

*50*

# 상하이 탕

Shanghai Tang

치파오

영화 〈화양연화〉가 그렇게 멋있을 수 있었던 것은 양조위의 그늘진 어색한 미소
와 장만옥의 청아한 연기 때문만은 아닌 것 같다. 왕가위 감독의 화보와도 같은
감각적인 미장센과 조명, 세트와 함께 그 영화가 아름다웠던 이유는 바로 장만옥
의 치파오 때문이다. 섹시하다는 것은 벗는다고 모두 해결이 되지 않는다. 숨기
고 감추려고 할 때 더욱 섹시하게 느껴지는데, 살짝 보이는 속살이나 타이트하게
붙은 옷 위로 드러나는 아름다운 몸의 곡선이 더욱 관능적이다. 그런 점에서 봤
을 때 치파오만큼 여자를 아름답고 섹시하게 만들어 주는 것은 없다고 생각한다.
치파오를 입은 여자의 모습은 마치 가녀린 수선화 같기도 하고 이슬을 머금은 백
합 같기도 하다. 〈화양연화〉에서 장만옥은 앞모습보다도 약간 옆으로 선 뒷모습
이 더욱 아름다웠다. 치파오의 두꺼운 깃에 가려진 사슴처럼 길고 긴 목선은 참
으로 그녀를 한없이 외롭게 만들었다. 더군다나 애써 참으려는 그녀의 욕망과 절
제된 슬픔은 치파오의 화려한 꽃 프린트와 대비되어 더욱 애절하게 느껴졌다. 하
다못해 서양 여자가 입을 때도 치파오는 신비스러운 힘을 마음껏 과시한다. 영화
〈모정〉에서 제니퍼 존스의 사랑이 더욱 슬프고 신비롭게 보였던 것도 모두 치파

오의 힘일 것이다.

그런 이유로 나는 치파오를 즐겨 입는다. 여자의 몸을 지극히 아름답게 만들어 주면서도 다른 장식 없이도 이 세상에서 가장 드라마틱한 여자로 만들어 주기 때문이다. 처음 치파오를 구입한 것은 오래 전 전지현의 중국 광고 촬영을 위해 방문한 대만에서였다. 〈화양연화〉의 영향으로 개량 치파오를 맞춰 입었다. 그리고 빈티지 숍에서 발견한 붉은색 레이스 치파오나 상하이 공항에서 구입한 검정색 치파오 등을 주로 입다 발견하게 된 것이 바로 상하이 탕이다.

상하이 탕은 중국 전통 스타일을 모던하게 재현한 럭셔리 브랜드로 의류부터 지갑, 백, 심지어 노트부터 향초, CD에 이르기까지, 아이템의 종류도 다양하다. 이곳에서 내가 처음 발견한 치파오는 가장 기본적인 스타일로 실크 소재로 된 그레이 색상의 치파오였다. 대체적으로 치파오하면 검은색이나 붉은색이 대부분인데 그레이 색상이 매우 세련되고 독특하여 구입하였다. 이 모던한 치파오에 비취 귀고리와 팔찌 혹은 진주를 착용하고 스모키 아이 메이크업을 하면 웬만한 파티도 소화할 수 있다. 북경에서 열린 스와로브스키 행사에서 나는 이 그레이 색 치파오에 스와로브스키 크리스털 팔찌를 매치하여 즐거운 밤을 보냈다.

그러나 내가 가장 사랑하는 상하이 탕의 치파오는 바로 아름다운 꽃 그림이 그려진 리넨 소재의 치파오다. 실크 소재가 아닌 리넨 소재여서 흔치 않아 좋고, 시원하게 입을 수 있어 한여름 파티에 아주 적당하다. 만약 당신이 파티에서 남자의 시선을 느끼고 싶다면 나는 적극 추천하고 싶다. 상하이 탕의 치파오를 입고 스모키 아이 메이크업을 살짝 해 주면 당신은 이 세상 가장 매혹적인 여자가 될 수 있다고.

# 51

# 생제임스

Saint James

스트라이프

아주 고민스러웠다. 스트라이프 티셔츠에 대해 두 가지나 썼음에도 불구하고 생제임스에 대해 다시 써야 할지. "『스타일 북』을 읽다 보니 생제임스의 스트라이프 티셔츠는 꼭 하나 있어야 할 것 같아서요"라며 지인이 파리 출장을 가는 내게 생제임스 스트라이프 티셔츠를 부탁했다. 언제나 마들렌 지역 포숑 빵집 앞에 있는 생제임스 매장에서 구입하는 나는 마침 호텔이 가까이에 있어 짬을 내어 들러 봤다. 그리고 결심했다. 생제임스의 스트라이프를 이 책에 꼭 넣기로.

1889년에 론칭한 생제임스는 마린 룩을 컨셉으로 한 지극히 프랑스적인 브랜드다. 그렇기 때문에 이곳에 들어가면 모든 것이 스트라이프와 네이비, 레드, 옐로우 색상을 기본으로 한 마린 룩 일색이다. 더군다나 다양한 스타일의 스트라이프 티셔츠와 니트 풀오버, 니트 카디건을 구할 수 있어 나의 '베스트 오브 베스트 스트라이프 숍'이 되었다. 바흐가 음악의 아버지라고 한다면 스트라이프 계의 아버지는 바로 생제임스인데 이것을 빼놓는다는 것은 말이 안 되었다.

매장에 들르면 별로 판매 의지가 없는 무뚝뚝한 여점원들도 스트라이프 니트를 입고 있는데, 그 까칠함에도 불구하고 센스 하나는 인정하고 싶다. 스트라이프 니트에 노란색의 작은 스카프를 앙증맞게 목에 매거나, 빨간 립스틱과 매니큐어를 칠하고 네이비 색 팬츠를 입기 때문이다.

이곳은 가장 기본적인 스트라이프 티셔츠와 함께 매 시즌 새로운 스트라이프 티셔츠나 니트를 선보인다. 나는 이곳에서 가장 기본적인 스트라이프 티셔츠와 보트넥으로 된 니트를 구입하여 즐겨 입었고, 장윤주로부터는 멀티 스트라이프 니트 풀오버를 선물로 받은 적도 있다. 이번에 매장에 갔을 때는 칠부 소매에 길이가 짧은 스트라이프 티셔츠, 스트라이프 카디건, 목에 지퍼 장식이 있는 스트라이프 풀오버 니트, 하늘색 스트라이프 반팔 티셔츠 등을 새롭게 볼 수 있었는데, 옆으로 슬릿이 들어간 H라인의 스트라이프 풀오버 니트를 구입하였다.

이 브랜드는 아동용 스트라이프 점프수트를 비롯해 남녀노소 모든 사람이 즐겨 입을 수 있는 유니섹스 사이즈다. 스트라이프를 좋아하는 이모 덕에 내 조카들은 생제임스의 니트 풀오버를 아주 어릴 때부터 입기 시작했다. 언젠가는 나의 가족에게도 생제임스 스트라이프 풀오버를 입힐 수 있으면 좋겠다는 생각을 하며 이 글을 쓴다.

# 52

# 샤넬
Chanel

## 클래식

"난다 긴다 하는 옷 잘 입는 사람들은 2.55 들지도 않더라. 다 샤넬 클래식이야."
슈콤마보니의 디자이너 이보현은 자신의 구두를 세일즈하기 위해 전 세계 곳곳
을 다니며 가장 패셔너블한 사람들은 다 만나고 다닌다. 그런 그녀가 어느 때인
가부터 샤넬 트위드나 니트 재킷을 즐겨 입기 시작하고, 샤넬 로고가 들어간 클
래식을 들기 시작했다.

사실 이보현으로 치자면 홍콩 여배우도 울고 갈 만큼 사연 많은 드라마틱한 스타
일을 즐겨 입는다. 예를 들어 어디서 구했는지 도저히 알 수 없는 빈티지 레오파
드 프린트 원피스에 해골 프린트 스카프를 하거나, 스팽글이 잔뜩 달린 의상을
입는다. 굉장히 과하거나 섹시한 옷을 스타벅스 커피 마시듯이 무심하게 즐겨 입
는 그녀가 샤넬 중에서도 가장 클래식한 스타일로 변하기 시작했다. 물론 취향의
변화도 있겠지만 무엇보다도 샤넬 클래식의 매력에 빠져들게 된 것이다.

사실 나는 그 이야기를 듣고 안도의 한숨을 쉬었다. 많은 사람들이 하나씩은 가
지고 있는 2.55 백을 나는 가지고 있지 않다. 몇 번 기회는 있었지만 결국 내가
구입한 것은 샤넬 로고가 있는 클래식 백이다. 보통 로고가 나 잘났다는 듯이 들

어간 것을 보면 거부감부터 생기지만 샤넬만큼은 내 인생에서 예외다. 지극히 클래식한 블랙의 세련됨과 CC로고가 마드모아젤 샤넬과 나를 이어주고 있는 것 같다는 생각이 든다. CC로고의 의미는 내게 있어 그저 브랜드 상표가 아닌, 사랑하는 마드모아젤 코코 샤넬의 영혼이기 때문이다. 남성용 재킷을 입고, 긴 치마를 벗어 버리고, 검정색 옷을 즐겨 입으며, 공업용으로 사용했던 메탈 체인을 가장 섬세하고 아름답게 표현했던 코코 샤넬의 도전과 열정을 생각하며 내 꿈을 이루고 싶은 것이다.

매 시즌 트위드 수트에 새로운 가방을 척척 구입하지는 못해도, 가지고 있는 블랙 미니 드레스에 액세서라이즈의 모조 진주 목걸이, 그리고 샤넬 클래식 백과 구두로 나만의 '샤넬 룩'을 입는 나를 마드모아젤 샤넬도 사랑스럽게 바라봐 주지 않을까. "Tres Joli!!"라며.

# 53

# 서울서 둘째로 잘하는 집

단팥죽

만약 내가 임신하게 된다면 한밤중에 서울서 둘째로 잘하는 집 단팥죽이 먹고 싶다며 남편을 조를 것 같다. 코끝이 찡하도록 추운 겨울날은 물론, 부슬부슬 봄비가 내리는 날, 장대비가 쏟아지는 여름철이나 낙엽이 슬렁슬렁 떨어지는 가을날, 문득 떠오르는 것이 바로 이 집의 단팥죽이다. 돼지 삼형제의 막내가 지은 벽돌집처럼 생긴 작은 세탁소 앞에 위치한 이곳에 가면 우선 창가에 앉을 것을 추천한다. 시간 가는 줄 모르고 수다를 떨다 보면 인심 좋은 아주머니가 단팥죽을 내주는데, 주의할 점은 우선 단팥죽 그릇의 뚜껑을 확 열지 말 것! 뚜껑을 살며시 열어 코를 안에 들이대면 달콤한 팥과 매콤한 계피 향이 못 참겠다는 듯이 몸을 뒤흔들며 나오는데, 그 순간을 공기 속에 놓치지 말고 코로 먼저 즐겨야 한다. 그리고 몇 번 휘저은 후 수저 한가득히 찰떡과 단밤을 떼어 단팥죽과 함께 넣으면 입 안이 달콤함으로 가득 차며 세포 구석구석까지 기쁨이 넘쳐 흐른다. 난 그렇게 첫눈 내리는 날, 봄비가 오는 날, 서울서 둘째로 잘하는 집에서 친구들과 세상에서 가장 맛있는 단팥죽을 먹으며 사랑 이야기를 나누곤 한다.

*54*

# 셀린느

Celine

선글라스

나에게는 몇 가지 불치의 병이 있다. 특별 관심 대상이 아닌 경우 대체적으로 사람 얼굴과 이름을 기억 못하기, 숫자와 계산 울렁증(숫자는 일단 백 단위만 넘어가도 모두 피타고라스의 정리와도 같다) 등이 있는데 가장 심각한 것은 '선글라스 잃어버리기'이다. 사실 물건을 잘 잃어버리는 편인 나는 유독 선글라스와 안경은 더 하다. 아마도 내가 잃어버린 안경을 가지고 백화점 귀퉁이에 작은 안경점을 차려도 되지 않을까 싶다.

그보다 더한 것은 선글라스다. 내가 잃어버린 선글라스는 거의 스무 개 가까이 될 정도이다. 가장 황당했던 적은 마음먹고 구입한 비싼 선글라스를 착용한 지 한 시간 만에 잃어버렸을 때였다. 그 정도로 안경과 선글라스를 잘 잃어버리는 내가 가장 많이 잃어버린 것은 바로 셀린느의 선글라스다. 그만큼 즐겨 쓴다는 얘기. 셀린느의 선글라스는 정말 나의 몸의 일부가 되었을 정도로 사랑하는 아이템이다. 왜냐하면 셀린느의 선글라스는 가장 기본적이면서도 클래식하여 질리지 않고 세련되게 착용할 수 있기 때문이다.

특히 이 선글라스의 특징은 어느 누구에게나 어울린다는 점이다. 선글라스야말로 볼 때는 제아무리 브래드 피트만큼 섹시하고 멋있어도 착용하면 갑자기 매력이 뚝 떨어질 때가 생기는 까다로운 아이템이다. 선글라스의 모양과 자신의 골격, 코 모양과 높이, 미간의 넓이 등 여러 가지 얼굴 윤곽이 맞아야만 그 빛을 발하는데, 셀린느의 선글라스는 묘하게도 어느 누구에게나 잘 어울린다. 사실 나는 눈이 좋지 않은 관계로 선글라스에 도수를 넣어 항상 착용하는데, 그래서인지 이 선글라스가 나의 진주와 함께 트레이드마크가 되어 버렸다. 그래서 종종 "나도 한번 써 보자"며 다른 사람들이 착용을 해 보는데, 그때마다 사람들에게 척척 가서 잘 안기는 순한 어린아이 같이 잘도 어울린다.

그만큼 내공이 있는 디자인이라는 건데 너무 독특하지 않고 세련되면서도 개성이 있어 진심으로 나의 사랑을 듬뿍 받는다. 그러나 나의 '불치의 병' 때문에 이 선글라스는 매번 수난을 겪는다. 고백하겠다. 나는 이 선글라스를 여섯 번 잃어버려 다시 구입해야만 했다. 더군다나 블랙과 브라운 컬러 두 가지를 번갈아 가며 구입하고 잃어버리고 다시 구입하고를 반복해야만 했다. 나중엔 나의 기막힌 사연을 들은 세원 인터내셔널(셀린느의 선글라스를 수입하는 곳)에서 선물로 준 적도 있는데 사실 그것마저 잃어버렸다. 나중엔 화가 났다. 그래도 화풀이할 곳도 없다. 누구를 탓하겠는가.

그런 이유로 이것만큼은 절대로 잃어버리지 않기 위해 정말 애를 쓴다. "꺼진 불도 다시 보자"처럼 차에서 내릴 때나 자리에서 일어날 때 항상 선글라스가 있는지부터 체크한다. 그 덕에 몇 번을 잃어버렸다가 다시 찾기는 했지만 불안하기 짝이 없다. 만일의 경우를 대비해서 추적 장치를 설치하거나 선글라스 안쪽에 몰스킨 수첩 첫 페이지에 있는 것처럼 나의 전화번호와 이름, 사례금까지 적어 돌려받고 싶다.

# 셉
## SEP

메이크업 스타터


손대식과 박태윤을 보고 있노라면 참으로 한국에서 보기 드문 캐릭터를 가지고 있다는 생각이 든다. 우선 독특한 뿔테 안경을 쓰거나 커다란 보타이와 화려한 수트를 아무렇지도 않게 입는 외모가 그러하다. 거기에 전라도 사투리를 세련되게 써가며 세계 트렌드를 외쳐 대는 남성 메이크업 아티스트 듀오는 외국에서도 보기 드문 캐릭터이다. 이들은 마치 빅터 앤 롤프나 디스퀘어드의 쌍둥이 디자이너를 연상케 한다. 그만큼 강렬한 인상의 두 메이크업 아티스트가 더욱 더 인상적일 때는 바로 전라도 사투리를 팍팍 써가면서 메이크업의 중요성에 대해 논할 때이다. "여자가 허천나게 아름다워도 눈썹이 뭉쳤으면 꽝이지여." "오메, 눈 밑이 바로 포인트지여. 눈 밑이 거머면 아무리 눈화장을 혀도 나이가 들어 보이지여." 묘하게 세련되고 단호한 어조로 사투리를 쓰는 이들의 포인트는 귀에 쏙쏙 들어와 달팽이관에 박힐 지경이다.

이 듀오 남성 메이크업 아티스트의 메이크업은 대체적으로 젊은 여성들에게 매우 인기가 좋다. 그 이유는 무엇보다도 도자기처럼 매끄럽고 눈빛처럼 반짝이는 피부 톤을 만들어 주는 데는 이들을 따를 자가 없기 때문이다. "그람요. 허천나

MAKE-UP STARTER
Simple Easy Perfect SEP
Simple Easy Perfect SEP

게 파운데이션을 두드리고 발라도 피부 톤이 제대로 살아나지 않으면 소용이 없지여"라며 애써 표준어를 써가며 TV에 나와서도 가장 강조하는 것이 젊고 생기 있는 피부 톤이다. 그런 이유에서 만들어진 것이 바로 스타터다. "이 제품은 으디서도 볼 수 없는 제품이지여. 피부를 가장 생기 있게 만들어 줄 수 있는 방법이 없을까 고민하다 떠오른 아이디어지여"라며 손대식이 말한다. 사실 손대식과 작업을 할 때면 내가 종종 '성형 메이크업'이라고 놀리는데, 코가 낮은 여자는 코를 높게, 눈이 작은 여자는 눈을 길고 크게, 얼굴이 큰 여자는 얼굴을 작게 만들어 주기 때문이다. 그런데 내가 그의 메이크업에서 단 한 가지 못 견디는 것이 있다면 다른 사람의 두 배 정도 되는 '작업 시간'이다. 그의 메이크업은 리터칭(후반 작업)이 필요 없을 정도로 꼼꼼하다고 정평이 나 있다. 때문에 엄청난 시간이 걸리는데, 김혜수 같이 노련한 배우는 그가 속눈썹을 붙일 때에 미동도 없이 쪽잠을 자는 방법을 터득하기도 했다. 항상 밝고 윤기 나는 피부 톤을 위한다고는 해도 시간이 걸리는 것이 내심 불편했는지 해결책을 마련한 것이 바로 메이크업 스타터인 것이다. "사람의 얼굴은 죽은 각질로 되어 있어서 매일같이 각질 제거를 해 줘야 하지만 이태리 타월이나 각질 제거제를 사용하는 순간 그 얼굴은 버려 부린 것과 다름없지여. 피부가 맑고 투명해야 이쁜디 일반 사람들은 그 방법을 모르니 손쉽게 사용할 수 있는 스타터를 만들었지여"라며 열변을 토한다. 피부의 노폐물을 제거하며 보습 효과까지 주는 아하(AHA)나 플라워 애시드, 모이스트 24가 함유된 스타터를, 세안한 후 얼굴에 부드럽게 닦아 주면 각질 제거와 팩을 한꺼번에 한 효과를 얻을 수 있게 된다. 그게 참 신기한 것이 그저 얼굴을 닦을 뿐인데 벌써 얼굴이 촉촉하고 안색이 밝아진다. 그렇기 때문에 실제로 많은 여배우들의 사랑을 받고 있는 것이 사실이다. 나도 개인적으로 아침에 세안하고 메이크업을 시작하기 전에 스타터를 사용하는데 확실히 파운데이션이 촉촉하게 스며드는 것을 느낄 수 있어 즐겨 사용한다.

shu uemura
white recovery EX+

# 슈에무라

Shu Uemura

클렌징 오일

몇 번을 말해도 다시 말하고 싶은 것이 세안의 중요성이다. 촉촉하고 생기 있는 피부를 위해서는 꼼꼼한 세안이 중요하다는 말은 『성문종합영어』와 『수학의 정석』만 제대로 보면 일등 할 수 있다고 강조하는 과외 선생님처럼 매번 하게 되는 것이다. 그렇다고 모든 세안이 다 정답은 아니다. 나처럼 민감하고 예민한 피부에는 꼼꼼한 세안과 세안 폼 제품은 너무나도 자극적이다. 메이크업을 부드럽게 지워 주면서도 촉촉함을 유지할 수 있는 것이 무엇이냐고 묻는다면 슈에무라의 클렌징 오일을 말하겠다. 슈에무라 클렌징 오일은 녹차 추출물을 함유하고 있어 자극적이지 않고 맑은 피부를 만들어 준다. 특히 내가 슈에무라 제품을 좋아하는 이유는 팬더 같은 짙은 스모키 아이 메이크업을 하더라도 한 번에 마스카라와 불순물을 깨끗이 지워 주기 때문이다. 오일 속에 함유된 항산화 성분은 피부 톤을 정리해 주는데, 가장 큰 장점은 역시 미지근한 물로 헹궈내기만 하면 모든 세안이 끝난다는 점이다. 그렇기 때문에 촬영이나 프레젠테이션으로 인해 늦게 집에 돌아올 경우 부담 없이 사용할 수 있다.

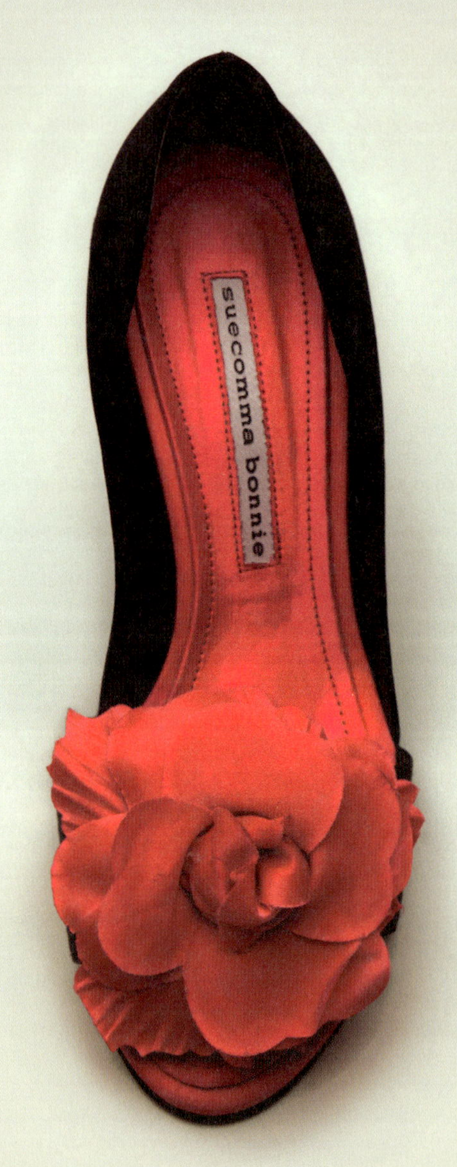

suecomma bonnie

# 57

# 슈콤마보니
Sue Comma Bonnie

하이힐

슈콤마보니의 하이힐은 참으로 섹시하고 여성스럽다. 크리스티앙 루부탱은 남자들이 접근도 못 할 정도로 도도하게 섹시하고, 마놀로 블라닉은 단아하고 우아하게 섹시하고, 주세페 제노티는 도발적이게 섹시하고, 로저 비비에는 클래식하게 섹시하다. 그런 최강의 하이힐 메이커들 사이에서 자신의 존재를 알리며 조금씩 세계 여성들의 마음을 사로잡고 있는 구두 디자이너가 바로 슈콤마보니의 이보현이다. 사실 이보현이 슈콤마보니를 오픈하기 전부터 옆에서 많은 것을 지켜볼 수 있었다. 디자이너 시절부터 맺은 깊은 인연 때문에 그녀에 대한 애정이 큰 것 또한 사실이지만 그녀의 열정과 재능은 언제나 나를 감동시키는 동시에 기쁘게까지 한다.

슈콤마보니라는 매장을 오픈하기 전만 해도 국내에서 내 마음에 드는 아름다운 구두를 발견하기란 정말 힘든 일이었다. 구두라는 것이 앞코 모양 1밀리미터에 의해서도 구두 전체 실루엣이 바뀌고, 힐의 1밀리미터에 따라서도 발목이 더 가늘고 섹시하게 보일 수 있다. 그런데 국내 제품은 퀄리티는 좋으나 나를 행복하게 만들어 줄 수 있는 신데렐라의 유리 구두는 아니었다.

그래서 해외 출장을 갈 때마다 언제나 구두를 사오곤 했는데 슈콤마보니가 생긴 이후로는 굳이 그럴 필요가 없게 되었다. 크리스티앙 루부탱의 섹시함과 마놀로 블라닉의 우아함, 로저 비비에의 클래식함과 주세페 제노티의 도발적인 감성을 모두 집약해 놓은 것 같은 슈콤마보니의 하이힐이 있기 때문이다. 전 세계 벼룩시장을 돌아다니며 빈티지 구두를 수집한 그녀답게 독특하고 세련되면서도 기발한 아이디어의 디자인을 선보인다.

이보현이 만든 하이힐의 특징은 지독하게 철철 흐르는 여성스러움이다. 디스플레이된 하이힐을 보고 있노라면 사이렌 요정들처럼 나를 유혹하기 때문에 오디세우스처럼 귀를 막고 조심하지 않으면 몇 켤레의 구두를 한꺼번에 구입해 버리는 곤혹스러운 일이 발생한다. 꽃이나 리본, 크리스털을 좋아하는 나로서는 특히 슈콤마보니의 하이힐을 경계할 수밖에 없다.

이보현 특유의 대담한 감성의 리본과 꽃, 크리스털 장식은 그저 여성스럽다고 하기엔 다이나믹하고 에너지가 철철 넘쳐 흐른다. 특히 레이스 소재로 만들어진 리본 장식의 하이힐은 언제나 나에게 사랑을 불러일으켜 주는 행운의 힐이기도 하다. 그런 이유로 언제나 이보현의 하이힐을 신으면 무도회장으로 향하는 신데렐라의 마음처럼 두근두근 설레게 된다.

# 58

# 아니엘 스포츠

Anniel Sport

플랫슈즈

나는 〈오즈의 마법사〉를 좋아한다. 무지개 건너편에 있는 행복한 꿈 때문에도 그렇지만 도로시가 신고 있는 반짝이 구두는 이 영화에서 가장 아름다운 존재이다. 여자는 항상 반짝거려야만 한다. 그러나 누구도 처음부터 반짝반짝 빛나지는 않는다. 다이아몬드조차도 광산 속에 묻혀 있을 땐 반짝거리지 않으므로 자신의 재능과 마음을 세상에서 가장 빛이 나게 닦아야 한다. 그렇지 않으면 광산에 묻혀 있는 돌덩이와 다를 것이 없다. 자신의 재능과 꿈을 빛내기 위해선 열심히 노력하고, 최선을 다하며, 인내할 줄 알고, 사랑하는 마음을 가져야 하는 것이 살아가는 데 있어서 기본일 것이다.

이러한 끊임없는 내적 노력과 함께 외모 또한 끊임없이 가꾸어야 한다. 외모 지상주의 시대에 태어나 성형을 하고 사치를 하라는 이야기가 아니다. 언제나 남을 부러워하며 지신을 잃기보다는 나를 최상의 상태로 만들어 당당하게 세상을 살아가길 바라는 것이다. 그렇게 하기 위해서 여러 가지 노력이 필요하겠지만 나는 때때로 인위적인 장치로 나 자신을 반짝거리게 만들 때가 있다.

좀 웃기는 말이지만 난 반짝거리는 것을 매우 좋아한다. 별처럼 빛나고, 호수처

Anniel

럼 빛나는 반짝거림이 좋다. 그래서 크리스털이 좋고, 비즈가 좋다. 특히 신발은 원하는 곳에 나를 데려다 주고, 가야 할 곳으로 나를 이끌어 주기 때문에 반짝이는 신발을 신으면 무엇인가 설레고 흥분되며, 무지개를 넘어갈 수 있을 것 같다. 이런 몽상가적인 이야기가 아니더라도 반짝이 신발은 블랙 추추 스커트나 원피스, 혹은 데님을 입을 때조차도 드라마틱하게 만들어 주는 마법의 힘을 가지고 있다. 그런 이유로 나는 여러 켤레의 반짝이 구두를 가지고 있다. 특히 나는 미우미우의 반짝이 구두를 즐겨 구입한다. 이제 구입한다기보다는 매 시즌 크리스털 장식의 반짝이 구두가 나올 때마다 사서 모으게 되었다. 이 외에도 톱숍이나 H&M 등에서 구입한 메리 제인 스타일의 힐부터 납작한 플랫슈즈에 이르기까지 그 종류도 다양하다.

그중에서도 내가 정말로 사랑하는 것은 아니엘 스포츠의 플랫슈즈이다. 이탈리아 브랜드인 아니엘 스포츠는 레페토 슈즈와 비슷한 플랫슈즈에 반짝이를 잔뜩 붙인 아방가르드하면서도 유니크한 스타일이다. 프랑스 멀티숍 메르시에서 이 신발을 보는 순간 한눈에 반해 버렸는데, 꼼데가르송의 H라인 원피스에도, 발목 길이의 사브리나 팬츠와 티셔츠에도, 무릎 길이의 카고 팬츠에도 더없이 사랑스럽게 어울리는 마법의 구두이다.

# 59

# 아메리칸 어패럴

American Apparel

면 티셔츠

내 스타일은 진주, 도트, 블랙, 레드 립스틱, 플레어 스커트 등을 기본으로 대체적으로 매우 클래식하고 여성스럽다. 그러나 세상에는 언제나 예외가 있다. 내가 아무리 여성스러운 것을 즐겨 입는다고 해도 단 하나, 티셔츠만큼은 여성스러운 것을 입지 않는다. 모든 것이 극도로 화려해도 한 군데 정도 숨 쉴 공간을 마련해 주어야 조화가 생기는 법. 스타일에 있어서도 마찬가지다. 디테일이 강한 옷을 잔뜩 걸치면 어딘가 헐거운 부분을 남겨 둬야 한다. 로저 비비에의 힐이 아름다운 이유는 바로 모던한 실루엣과 극도로 섬세한 디테일이 조화를 이루기 때문이다.

그렇다면 나의 스타일에 있어 숨 쉴 공간은 바로 '기본 티셔츠'인데, 헤인즈나 갭, 캘빈 클라인 등의 티셔츠를 입을 때도 있지만 내가 가장 즐겨 입게 되는 것은 바로 아메리칸 어패럴의 티셔츠다. 몇 년 전부터 다양한 디자인과 색상으로 인해 전 세계적으로 사랑을 받기 시작한 아메리칸 어패럴은 스타벅스 커피숍이 생겨나듯이 뉴욕, 일본, 런던 등에 매장이 생겨나기 시작했다. 웬만해선 미국 브랜드를 들여 놓지 않는 파리의 생토노레 근처에도 버젓이 커다란 매장이 생긴 것을 보면 세계적으로 얼마나 인기를 얻고 있는지 새삼 느껴진다.

내가 아메리칸 어패럴을 좋아하는 이유는 우선 다양한 색상을 구할 수 있기 때문이다. 한국인은 색에 대한 공포심이 있는데 이곳에서는 미묘하게 차이가 나는 민트 그린과 그린 모두를 구할 수 있다. 특히 모든 것이 면 소재로 되어 있어 매우 편안하게 착용할 수 있는데, 그중에서도 가장 대표적인 아이템이 바로 티셔츠다. 기본 라운드 티셔츠부터 칠부 소매 래글런 티셔츠에 이르기까지 다양한 디자인이 있는데, 내가 즐겨 입는 것은 칠부 소매로 된 브이넥 티셔츠다. 이 디자인은 검정색만 세 벌을 가지고 있을 정도로 애용하는데 지극히 섬세하고 여성스러운 디자인의 추추 스커트(발레리나 스커트처럼 퍼지는 스타일)에 검정색 티셔츠를 입으면 여성스러움과 캐주얼함이 묘하게 매치된다. 여기에 섬세하게 수공된 미네타니의 크리스털 목걸이까지 하면 아름다운 캐주얼 스타일을 연출할 수 있다.

# 60

# 아벤느

Avène

온천수 스프레이

영화 〈미스 홍당무〉를 보면서 나는 웃을 수 없었다. 피부 표면이 너무 얇고 민감하여 어렸을 때부터 붉은 얼굴이 고민이었던 나는 그 영화를 보며 마음이 저리기까지 했다. 나의 얼굴이 얼마나 붉은가 하면 때때로 사람들은 내게 물어 본다. "볼에 칠한 색이 예쁜데 어디 제품 쓰세요?"라고. 그래도 볼만 붉을 때는 발그레 생기 있어 보여 다행이지만 종종 얼굴 전체가 미스 홍당무처럼 변할 때가 있다. 사람들은 당황하거나 부끄러울 때 얼굴이 붉어진다지만 나의 경우에는 시도 때도 없다. 화가 나 있을 때는 더욱 붉지만 그렇지 않을 때도 쉽게 붉어진다. 일단 말을 하거나 웃을 때, 표정을 지을 때 얼굴이 붉어지는데, 심지어 전혀 좋아하지도 않는 남자 앞에서도 얼굴이 붉어져 오해를 사는 경우도 있다. 문제는 내가 얼굴이 붉어진다는 것을 의식하는 순간부터 더욱 붉어져 상대방 남자로 하여금 내가 자신을 너무나도 좋아한다고 착각하게 만든다는 것이다. 그럴 때마다 팔을 붙잡고서라도 이야기해 주고 싶다. "전 당신을 전혀 좋아하지 않아요"라고.

"우선 피부를 건강하게 만들어야만 해요. 피부가 건강하지 않으면 아무리 좋은 영양 크림도 독이 될 수 있어요. 그렇다고 레이저 시술은 더 위험해요. 피부가 망

EAU THERMALE
Avène

EAU THERMALE
apaisante, anti-irritante
Peaux sensibles
THERMAL WATER
soothing, anti-irritating
Sensitive skin
PARIS
HYPOALLERGENIQUE - SANS CONSERVATEUR
150 ml e /NET WT 5.2 OZ.US

가지는 지름길이죠." 메이크업 아티스트 우현중 원장이 말한다. 피부에 대해서는 피부과 의사보다 더 많은 지식을 가지고 있는 그녀는 언제나 피부 건강에 대해 신경 쓴다. 사실 그녀가 아니더라도 메이크업 아티스트 이경민 또한 동양인의 피부는 얇고 민감하기 때문에 절대로 레이저 시술을 함부로 받으면 안 된다고 강조한다.

솔직히 고백하건대 피부 좀 예쁘게 만들겠다고 레이저 시술을 받아 본 경험이 있다. 그런데 문제는 피부가 팽팽해지기는 했지만 예전보다 더 민감해지고 붉어지게 되었다는 것이다. 이젠 가만히 있어도 얼굴이 붉으락푸르락 변하기까지 한다. "그것 보세요. 레이저 시술이라고 무조건 다 좋은 것이 아니에요. 얇은 피부를 더 얇게 만드니 피부가 뭐가 되겠어요. 우선 건강해져야만 해요." 그런 그녀가 추천해 준 제품이 바로 아벤느였다. 약국에서 판매하는 제품으로 매우 저렴하면서도 민감성 피부에 정말 좋다. 온천수로 만들어진 아벤느는 마치 기초 학습이 필요한 어린이들을 위한 교재와 같다. 아무리 훌륭한 과외 선생과 좋은 교재라고 해도, 기초가 안 되어 있는 아이에겐 무용지물이다. 값비싸고 좋은 퀄리티의 화장품이 그러하다. 기초가 튼튼하지 않은 피부에는 그저 독이 될 뿐 효과가 없는 것이다. 민감한 피부를 튼튼하게 만들기 위해선 고기능성보다는 순하고 수분이 많이 함유된 아벤느 같은 제품이 필요하다. 예전에는 한 브랜드의 화장품만을 고집했지만 이젠 고기능성 화장품과 아벤느 제품을 번갈아 가며 사용한다. 특히 나는 아벤느의 온천수 스프레이와 수분 크림의 매력에 푹 빠져 있다. 아벤느는 모든 제품이 온천수로 만들어져 붉고 민감한 피부에 완벽한데 스프레이는 세안한 후, 메이크업을 한 후, 혹은 비행기 안처럼 극심하게 건조한 곳에서 뿌려 주면 피부가 정리되어 촉촉함을 유지한다. 특히 수분 크림은 가격도 저렴하여 나의 경우, 손바닥에 듬뿍 짜서 목까지 바르는 여유로움도 즐길 수 있어 좋다.

# 61

# 아스티에 드 빌라트

Astier de Villatte

도기(陶器)

남자친구와 헤어지고 나서 팔레루아얄과 생토노레를 눈물 흘리며 쏘다니다가 생토노레(Saint-Honoré, 청담동처럼 명품 브랜드 숍이 즐비하게 늘어선 거리)에 있는 작은 인테리어 숍이 한눈에 들어왔다. 콜레트에서 조금 떨어진 곳에 위치한 이 작은 숍이 슬픔과 눈물로 얼룩진 나의 눈을 잡아 끌었던 이유는 바로 창가에 디스플레이된 작은 새 때문이었다. 손으로 방금 만든 것 같은 작은 도자기 새가 어찌나 예쁘고 사랑스럽던지 눈물을 훔치고 문을 빠끔히 열어 보았다. 처음에는 어두운 실내가 잘 보이지 않았지만 금세 내 눈에 들어온 것은 기가 막히게 예쁘고 사랑스러운 가구와 식기 들이었다. 그렇게 처음 아스티에 드 빌라트를 만나게 되었다.

아스티에 드 빌라트는 프랑스 예술가 집안의 명칭으로, 1996년에 빌라트 가(家)의 딸과 아들을 포함한 5인의 젊은 예술가들이 파리 근교에 모여서 아틀리에를 만들고 그곳에서 식기와 가구를 제작하면서 시작하게 되었다. 그리고 생토노레에 있는 아스티에 드 빌라트 숍은 그들이 제작한 가구와 식기는 물론 5인의 아티스트가 세계 각국에서 사온 물건들도 같이 판매하고 있다.

사실 사랑스럽긴 해도 손바닥보다도 작은 새의 가격치고는 비쌌지만 나의 아픈 마음을 위로해 줄 것 같아 냉큼 사 들고 나왔다. 무엇인가 따뜻함이 느껴졌기 때문이다. 그 사랑스러운 새 외에도 아스티에 드 빌라트의 모든 식기는 아름답지만 무엇인가 사람을 따뜻하게 만드는 편안함이 있다.

아마도 그 이유는 모두 손으로 만든 수제품이기 때문이 아닐까. 아스티에 드 빌라트를 보고 있노라면 똑같이 생긴 모양이 거의 없다. 한눈에 봐도 울퉁불퉁한 것이 전부 손으로 만들어졌고, 한 번 구워서 다시 색을 칠하고, 약을 바른 장인들의 정성이 담긴 작품이다. 더군다나 흑토를 가지고 만든 위에 하얀색으로 덧칠을 했기 때문에 매끄럽게 하얗기보단 검정색 대지의 기운이 느껴진다.

최근에는 빌라트 가의 형제 중 일부가 '리가드'라는 브랜드를 새롭게 론칭하였다. 역시 흑토를 구운 뒤 하얀 칠을 덧바른 기법이지만 아스티에 드 빌라트보다 더 화려하고 정교하여 사랑을 받고 있다. 어쨌거나 아스티에 드 빌라트나 리가드나 모두 크리스털 식기나 화려한 꽃이 그려진 식기와는 달리 동양적이면서 투박한 손맛이 느껴진다. 그래서인지 도라지생채나 산적을 올려도 매우 멋스럽게 어울린다. 더군다나 전자레인지나 식기세척기에도 쓸 수 있을 정도로 튼튼하니 평생 나의 주방에서 묵묵히 나를 위로해 주며, 아껴 주고, 사랑해 줄 것 같은 친구 같은 존재가 되었다.

# 62

# 아스페시

Aspesi

패딩

내가 이 브랜드를 알게 된 것은 사실 여배우 황신혜 때문이다. 아프로디테 같은 완벽한 미모 때문에 그녀는 평생 금물을 마시고 과일만 먹으며 고급스러운 저택에서 살 것 같지만 의외로 그렇지 않다. 도대체 몸의 어느 부분으로 가는지 모르겠지만 여행지에서도 아침에 밥 한 공기(때로는 그보다 더)와 반찬을 뚝딱 해치우고, 축지법을 쓰는 사람처럼 빠르게 걸어 다니며, 세상의 이곳저곳을 씩씩하게 잘도 다닌다.

그런 그녀는 웬만한 여행지는 물론 패션 브랜드부터 시작해서 알려지지 않은 브랜드나 숍에 이르기까지 정말 다양한 정보를 가지고 있다. 또한 여행을 많이 다니기 때문에 항상 가볍고 부피가 작은 최상의 물건에 대한 정보도 무궁무진하다. 그녀가 알려 준 레이어링하기 좋은 톱이나 가을, 겨울에 니트 속에 입기 좋은 터틀넥 풀오버는 지금도 정말 애용하고 있다. 그런 그녀가 촬영 차 밀라노에 갔을 때 내게 말했다. "출장을 많이 다니는 은영이 꼭 구입하면 좋은 물건이 있어"라며 몬테 나폴레오네 거리에 근접한 멀티숍에 예의 그 축지법을 쓰며 데리고 갔는데, 그곳이 바로 아스페시 매장이다.

ASPESI

이곳은 사실 리빙과 패션이 어우러진 복합 멀티숍이다. 매우 모던하면서도 아방가르드한 독특함이 있는 아스페시는 디자인과 함께 편안함을 최고로 추구한다. 그래서 매장 인테리어도 매우 모던하고 절제된 분위기면서도 자연친화적인 요소를 두어 편안하다. 이곳에서는 질 샌더, 꼼데가르송 등 아스페시 스타일의 아이템을 같이 판매하면서도 자체 제작된 브랜드를 가지고 있는 것이 특징이다. 특히 이곳의 자체 브랜드인 아스페시 페딩은 질 샌더 풍의 모던하면서도 세련된 스타일로 재킷과 베스트, 코트에 너무 두껍지 않은 패딩을 이용하여 가볍게 즐길 수 있다. 색상 또한 네이비, 브라운, 카키, 베이지, 머스터드 등으로, 스포티하면서도 미니멀한 패딩과 어우러져 이탈리안 특유의 세련된 감성이 돋보인다.

출장길에 가볍게 짐을 꾸리고 싶지만 쌀쌀한 날씨가 걱정될 때, 여행 가방 안에서 작은 부피를 차지하는 아스페시 패딩 점퍼는 언제나 부담없이 나를 따뜻하고 즐겁게 만들어 주는 좋은 친구와도 같다. 세련된 롱재킷 패딩 코트를 만지작거리는 내게 황신혜는 작게 돌돌 말아 보이더니 이렇게 말했다. "이것 봐. 베개만큼 작게 접히면서 따뜻한 이런 코트를 어디서 구할 수 있겠니."

# 63

# 아이폰

iPhone

스마트폰

아이폰 같은 여자가 되면 좋겠다는 생각을 요즘 들어 하게 되었다. 군더더기 없이 세련되면서도 예쁘고, 재능이 많지만 친절하고, 편안하면서도 도도하며, 패션 감각이 뛰어나면서도 실용적이고, 모든 것을 수용하는 척하면서도 아무거나 어울리지도 않아 최고의 것만 선택하며, 기발하면서도 유머 감각이 있고, 상냥하지만 지능적인 아이폰 같은 여자가 되고 싶다. 더군다나 액세서리를 사 주고 싶어도 아이폰에 맞는 것은 죄다 비싼 것밖에 없으니 아이폰 같은 여자만 된다면 클레오파트라 부럽지 않을 것 같다.

아이폰을 보고 있노라면 스티브 잡스가 바우하우스 스타일을 매우 좋아하지 않을까 싶다. 1919년에 건축가 발터 그로피우스의 주도로 설립된 건축학교 바우하우스는 일체의 장식을 배제하면서도 끊임없는 미적 탐구로 물건의 본질을 정확하고 명확하게 살려낸 기능적 미학을 추구했다. 지금 보아도 아름다운 바우하우스 풍의 가구들은 이음새가 없이 황금 비율을 갖춘 절제된 디자인을 선보였고, 가볍고 보기도 좋으며 기능적이었다. 그런 점에서 발터 그로피우스와 스티브 잡스가 추구하는 이상은 완벽하게 일치하는 것 같다. 아이패드 프레젠테이션 장에

스티브 잡스가 올려 놓은 르 코르뷔지에의 가구만 봐도 그렇다. 르 코르뷔지에는 '자연만이 진실'이라는 철학을 가지고 미니멀리즘을 추구한 스위스 출신 건축가이자 가구 디자이너다. 그의 절제된 단순함은 지극히 아름다운 선과 편안함을 제시한다. 그러면서도 최고의 기능과 미적 감각을 자랑하는 르 코르뷔지에의 가구는 아이패드나 아이폰과 같은 본질을 가지고 있기에 스티브 잡스의 마음을 사로잡은 것이다.

최고의 기능성을 자랑하면서도 과하지 않은 아름다움을 당당하게 표현하는 아이폰은 시대의 아이콘이 되었다. 나는 그런 아이폰을 닮은 여자가 되고 싶다.

# 64

# 아장 프로보카퇴르

Agent Provocateur

란제리

정말이지 신선한 충격이었다. 미치는 줄 알았다. 너무 예쁘고 사랑스러워 말 그대로 나의 눈이 뒤집힐 뻔했다. 영국이 고향인 아장 프로보카퇴르를 처음 본 것은 사실 영국이 아닌 미국이었다. 솔직히 소호에 있는 새로 생긴 매장을 보고는 '고급 성인용품 숍'인 줄 알고 지나칠 뻔했다. 그런데 형광판에 있는 이름을 보고 가던 길을 멈춰 다시 돌아섰다. 그리고 이것이 바로 비비안 웨스트우드 둘째 아들이 한다는 속옷 가게라는 사실을 알고 나는 흥분이 멈추지 않았다. 우선 숍 외관부터 매우 독특했다. 쇼윈도에는 기막히게 섹시한 마네킹들이(옛날 영화 〈마네킨〉처럼 한밤중에 살아 움직일 것 같이 매혹적인 마네킹들이었다) 야릇한 포즈를 취하고 있는데, 그들(?)은 모두 검정색과 화이트, 베이비 핑크로 된 란제리와 야한 메이드 유니폼 등을 페티시 스타일로 입고 있었다. 어찌나 섹시하고 드라마틱하던지 여자인 내가 봐도 미칠 것만 같았다.

솔직히 고백하건대 나는 레이스 란제리 마니아다. 아주 야들야들하고 거미줄처럼 섬세한 레이스를 볼 때마다 뜨겁게 달아오르기까지 한다. 언제나 이야기하지만 나는 모든 것이 뒤바뀌어 어린 나이에 실크나 레이스, 보석을 더 좋아했고,

나이가 들면서 오히려 면 소재의 언더웨어나 데님 팬츠, 미니스커트를 입게 되었다. 나의 레이스 란제리 사랑은 고등학교를 졸업하면서 바로 시작됐는데, 다양한 레이스를 거치다 만나게 된 것이 바로 아장 프로보카퇴르다. 이것은 말 그대로 신선한 충격이었다. 지금까지 보아온 다른 란제리 브랜드가 그저 여성스러운 레이스 란제리라고 한다면 아장 프로보카퇴르에는 확실한 스토리가 담겨 있어 재미나다. 영화 〈세브린느〉의 주인공처럼. 이 영화에서 정숙한 아내인 카트린 드뇌브는 남편의 무관심과 자신의 끓어오르는 욕망을 참지 못하고 세브린느란 가명으로 밤에는 고급 창녀로 일한다. 입생로랑의 세련된 의상을 입고 로저 비비에를 신으며 세기의 아이콘이 되었던 카트린 드뇌브가 입었을 것 같은 란제리가 바로 아장 프로보카퇴르 스타일로 란제리 속에 은밀함과 관능미가 느껴진다.

매장에 들어가면 기막히게 아름다운 스틸레토와 장갑, 스타킹 들과 함께 란제리가 걸려 있다. 대체적으로 이 브랜드의 란제리는 기막히게 섬세하고 쿠튀르적이며 아름답다. 그저 화려하고 섹시한 란제리가 아니라 이 레이스 란제리를 입으면 고급스럽지만 은밀하면서도 음탕한 속내를 지닌 요부가 될 것 같다. 그런 이유로 아장 프로보카퇴르는 성숙한 남녀관계를 원하는 여성들에게 추천하고 싶다. 내가 이 브랜드에서 좋아하는 또 다른 아이템은 바로 폴로셔츠다. 1960년대가 연상되는 클래식한 폴로셔츠로 매우 부드러운 저지여서 몸에 타이트하게 붙는데 왼쪽 가슴에 로고가 클래식하게 수놓아져 있다. 또한 이곳에서 판매되는 CD는 매우 에지 있는 음악만 선곡되어 있어 멋진 영감까지 떠오른다. 이 외에도 추천하고 싶은 란제리 브랜드는 키키 드 몽파르나스다. 키키 드 몽파르나스는 1920년대 가수이자 모델로서 이 브랜드는 그녀의 이미지를 재현한 스타일로 가득하여 프랑스 요부 같은 감성이 넘친다.

# 암살라
## Amsale

웨딩드레스

줄리아 로버츠 주연의 영화 〈런어웨이 브라이드〉에는 나를 매우 흐뭇하게 만들어 주는 장면이 있다. 벨 실루엣의 드레스를 입고 종처럼 몸을 흔들어 대는 줄리아 로버츠를 리처드 기어가 신문까지 거꾸로 들며 넋을 놓고 바라보는 이 장면을 보고 어찌나 내 마음까지 설레었는지. 어쩌다 보니 혼기를 놓치게 되었지만 그것에 대해 후회하거나 아쉬워한 적은 단 한 번도 없다. 그러나 아름다운 웨딩드레스를 입은 여자들을 보면 왠지 모를 감동이 온몸에 가득 차며 나는 무엇을 입을까 막연한 상상을 하게 된다. 하이넥 레이스 드레스를 고풍스럽게 입은 그레이스 켈리 스타일, 아방가르드하면서도 세련된 비비안 웨스트우드 드레스를 입은 〈섹스 앤 더 시티〉의 사라 제시카 파커 스타일, 팅커벨을 연상하게 하는 사랑스럽고 귀여운 웨딩드레스를 입은 오드리 헵번 스타일 등 다양한 웨딩드레스를 떠올린다.

솔직히 고백하건대 나는 결혼식에 대한 두려움이 있다. 물론 사랑하는 사람을 만나 한평생을 같이 살고 싶다는 생각은 있지만, 사람이 많은 곳에 가는 것을 호환마마보다 더 무서워는 성격으로 인해 결혼이 아닌 '결혼식'에 대한 공포심이 있다. 그럼에도 불구하고 웨딩드레스만큼은 한 번은 꼭 입고 싶은데, 우선 고풍스러운 크림 색상을 좋아하는 나는 그레이스 켈리가 떠오르는 크림 색상에 소재는 도톰한 실크 새틴이 좋다. 화려하고 섬세한 레이스도 좋지만 어딘가 담백하면서도 고귀한 감각의 실크 샌퉁도 좋을 것 같다.

내게 있어 드레스는 우아하고 세련되어야 한다. 빅토리아 베컴조차 그녀의 책(『That Extra Half an Inch』)에서 "나는 깨끗하고 심플한 웨딩드레스를 원했다"라고 말했다. 그런 나의 상상에 확실하게 들어 맞는 드레스가 있으니 바로 미국 최고의 웨딩드레스 디자이너인 암살라 아베라의 드레스이다. 암살라의 웨딩드레스는 진주처럼 귀한 빛을 발하는 도톰한 실크 새틴 소재를 주름 하나하나까지 조형적이면서도 클래식하게 만들었다.

암살라 코리아 대표 이은진은 "신부가 나이가 좀 있을 때는 어려 보이는 스타일을 입는 것이 좋아요. 남자들이 턱시도를 입으면 어려 보이거든요. 식장에서 '신부가 좀 삭았다'라는 말을 들으면 안 되잖아요"라며 강조한다.

암살라 아베라는 정말로 드레스를 만드는 데 있어서는 천재적인 것 같다. 비즈나 크리스털 장식을 전혀 넣지 않고서도 고귀하면서 아름다운 분위기를 연출하는 쿠튀르 라인인 '크리스토스'는 국내 재벌가 사이에서도 인기가 많다. 비즈와 크리스털 장식이 고풍스러우면서도 바디 라인을 아름답게 살려주는 '케네스 풀'은 여배우들의 레드카펫에 많이 애용된다. 그리고 내가 좋아하는 것은 '암살라' 라인으로 심플하면서도 우아한 분위기가 마치 옛 할리우드 여배우를 연상시키는데, 여배우 김민희가 레드카펫에서 입었던 아름다운 블랙 드레스가 바로 암살라 쿠튀르이다.

그런 이유로 나는 시상식 레드카펫을 위한 드레스를 구할 땐 어김없이 이곳을 먼저 찾는다. 패션 브랜드에서 나오는 드레스들은 트렌디하고 스타일리시하긴 하지만 무게감이 없고 드라마틱하지 않다. 트렌드 세터인 김민희는 소녀적이면서도 몽환적인 이미지로 많은 사람들의 사랑을 받아 왔지만 진정한 여배우의 모습으로 변신하기 위해 선택한 것이 바로 암살라 드레스였다.

여배우 김아중은 브리지트 바르도를 연상케 하는 클래식함과 섹시함을 모두 가진 배우이다. 그런 그녀에게는 오히려 순백의 머메이드 드레스나 그레이 색의 여신 스타일의 드레스를 추천해 주기도 했다. 또한 고현정은 엠파이어 스타일의 블랙 망사 드레스를 입고 베스트 드레서가 되기도 했다. 언제나 여배우들을 아름답게 만들어 주는 암살라 드레스를 입고 언젠가 나도 사랑하는 사람 앞에 서고 싶다. 리처드 기어 앞에 선 줄리아 로버츠처럼 사랑스럽게.

Marion Maneker
THE TRENCH BOOK
NICK FOULKES
ASSOULINE
THE TRENCH BOOK
ASSOULINE
Dressing in the Dark
IN THE SPIRIT OF THE
HAMPTONS
TIMES / LEE RADZIWILL
ASSOULINE
TIMELESS TIARAS
ASSOULINE

# 애술린

Assouline

책

나에게는 꿈이 있다. 〈화니 페이스〉에 등장하는 서가처럼 그렇게 멋진 서재를 만들고 싶은 꿈. 그러기 위해서는 천장이 높은 곳이 필요하겠지만 어쨌거나 무수히 많은 아름다운 책들 사이를 사다리로 왔다갔다 오르락내리락하고 싶다. 그리고 베니스 장인이 제작한 아름다운 책장에 애술린의 각종 책이 꽂혀 있고 그 옆으로는 메레디스 프램턴의 그림이 걸려 있는 그런 상상을 종종 하곤 한다. 뭐 나의 상상 속에서 일어나는 일이니 테이트 모던에 있는 메레디스 프램턴의 그림을 벽에 걸 수 있겠지만 적어도 베니스 장인이 제작한 애술린 전용 책장은 실현 가능한 일 아닐까.

지금 내 서재와 사무실은 비록 논현동 가구 거리에서 구입한 싸구려 책장이 벽을 에워싸고 있지만 사람들이 볼 때마다 근사하다는 말을 꼭 하곤 한다. 그럼 그때마다 나는 겸연쩍게 "이거 굉장히 싸구려야"라고 말하는데 모두들 놀라워한다. 단언하는데 그 싸구려 책장이 그렇게 비싸 보이는 이유는 책장 안에 빼곡히 들어차 있는 애술린 출판사의 멋진 책들 때문이지 않을까 싶다.

작고 초라한 단칸방에 살더라도 감각 있는 사람이 살면 예쁘게 방을 꾸미는 것과 똑같은 원리이다. 애술린의 감각적인 표지는 싸구려 책장을 마치 베니스나 벨기에에서 제작한 책장처럼 만들어 버리는 강한 내공을 지니고 있는 것이다. 그런데 더욱 나를 감동시키는 것은 겉모습만 훌륭한 것이 아니라 그 속도 알차고 재미있다는 점이다.

내가 애술린의 책을 처음 모으기 시작한 것은 『해피 타임즈』라는 사랑스러운 이름의 책을 버그도프 굿맨 백화점에서 구입하면서부터다. 처음에는 이 출판사에 대해서 잘 알지 못했다. 그러다 하나둘씩 구입한 책들에 하나같이 'ASSOULINE'이라는 이름이 붙어 있는 것을 보며 출판사의 존재를 알게 된 것이다.

내가 화보나 광고 시안이나 브랜드 컨설팅을 할 때 몇 번이고 콘셉트 사진으로 사용하는 책이 있다. 그것은 바로 『해피 타임즈』와 『햄튼』이라는 책으로, 하나는 재클린 케네디의 여동생 리 랫지월의 사진집이고 또 하나는 미국 상류층들의 휴양지이기도 한 햄튼에 대한 사진집이다. 그 안에는 1960년대 미국 동부 상류층의 일상을 한눈에 알아볼 수 있는 사진이 매우 감각적인 레이 아웃으로 실려 있기 때문에 이미지를 습득하기에 좋다. 이 외에도 남성복에 대한 사진과 설명이 들어간 『드레싱 인 더 다크』, 매력적인 여성들에 관한 사진집인 『얼루어 오브 우먼』, 그레이스 켈리의 사진집 『그레이스』, 트렌치코트에 대한 재미있는 이야기와 사진이 들어간 『트렌치』 등 꽤 많은 애술린의 책들이 책장에 놓여 있다.

애술린은 1994년 프로스페르 애술린에 의해 만들어진 전문 출판사이다. 『마그리트』 등 예술 서적과 함께 『랑방』, 『니나리치』, 『비키니 북』 등 예술, 패션, 디자인에 관한 모든 서적을 다루고 있다. 특히 재미있는 것은 프로스페르 애술린의 기발한 마케팅 전략이다. 카림 라시드와 같이 유니크하고 독창적인 아이디어와 장난기 가득한 표정을 지닌 그는 예술적인 가치를 지닌 장인이나 디자이너들과 협업하여 만들어낸 감각적인 제품으로 사람들의 이목을 끈다. 예술과 디자인 서적을 위해 베니스 장인이 만든 책장을 비롯해서 예술, 패션, 디자인에 관한 책 100권을 넣어 만든 고야드 트렁크나 코치 라이브러리는 보는 것만으로도 즐겁고 멋지다.

사실 나는 고야드 백을 별로 좋아하지 않는 관계로 구입한 적도 없지만 100권의 애술린 책이 들어 있는 고야드 트렁크만큼은 너무나도 탐이 난다. 때때로 파리 리츠 호텔 스위트 룸에서 고야드 트렁크 속에 담긴 책을 꺼내 보며 브런치를 먹는 상상을 하곤 하는데, 생각만 해도 입가에 미소가 지어진다. 그러나 지금도 내 서재에 꽂혀 있는 애술린 책들은 나를 충분히 행복하게 만들어 준다.

# 액세서라이즈

Accessorize

모조 진주

부잣집 딸내미라고 모두 예쁘고 옷 잘 입지는 않는다. 돈이 그렇게 많으면 예쁜 옷도 마음껏 입을 것 같은데, 돈이 있어도 감각이 없어 촌스럽기 그지없는 경우를 본다. 패션 아이템도 마찬가지이다. 무슨 이야기인가 하면, 아무리 고가의 명품 브랜드나 디자이너가 만든 물건이라고 해도 한숨이 절로 나오게 생긴 것들이 있다. 제아무리 캐시미어 원단이라고 해도, 몇 캐럿짜리 다이아몬드라고 해도 이걸 도대체 무슨 의도로 만들었을까 할 정도로 예쁘지 않은 것들. 그때마다 나는 그 물건들을 보며 "너는 부잣집 딸로 태어났어도 별수 없구나"라며 안타까워한다.

얼마 전 슈콤마보니의 디자이너 이보현이 샤넬 재킷 속에 입은 검정색 실크 블라우스가 멋있어 물어보았다. "심플하면서도 아방진 것이 멋있는데 그거 필립 림이야?"라는 나의 질문에 그녀 예의 무심한 어조로 딱 한마디 한다. "동대문!" 그녀가 입고 있던 그 옷은 실크도 아닌 폴리에스테르 소재였다. 그럼에도 불구하고 어찌나 멋져 보이던지 디자이너 브랜드와 다를 것이 없었다. 사실 값싼 소재에도 불구하고 디자인이 좋기에 멋져 보였을 수도 있지만, 그것을 샤넬 재킷과 멋지고 당당하게 연출한 그녀의 자신감도 한몫했을 것이다.

내가 이렇게 구구절절이 이야기를 길게 풀어 놓는 것은 바로 액세서라이즈의 모조 진주 목걸이에 대해 이야기하고 싶기 때문이다. 내가 진주를 좋아하는 것은 이제 대한민국 여성 모두는 아니어도 스타일에 관심 있는 여성이라면 어느 정도 아는 사실이다. 그렇게 진주를 좋아하는 내가 가진 '진품'은 어머니가 졸업 선물로 주신 보석상의 진주 목걸이와 귀고리 세트, 그리고 미키모토의 진주 목걸이와 귀고리 세트밖에 없다. 그럼 방송에서 매번 하고 나오는 그 진주는 무엇이냐고 묻는다면 대부분이 액세서라이즈에서 구입한 모조 진주 목걸이들이다.

지금이야 국내에서도 액세서라이즈의 물건을 구입할 수 있게 되었지만 예전에는 런던에 갈 때마다 개미처럼 열심히 이고 지고 날라 왔다. 2~3만원 대의 저렴한 가격이면서도 어찌나 디자인이 예쁜지. 솔직히 은은하고 고급스러운 빛은 아닐지라도 독특한 디자인이나 쉽게 볼 수 없는 커다란 사이즈 등 다양한 디자인이 많아 액세서라이즈의 모조 진주를 즐겨 하게 된 것이다. 그런 모조 진주는 '진짜 진주'처럼 하나를 우아하게 착용하는 것보다 여러 겹을 같이 하는 것이 좋다.

액세서라이즈 외에도 모조 진주를 즐겨 구입하는 곳은 H&M과 톱숍 등인데 그 중에서도 파리에 있는 갤러리 라파예트 백화점이 으뜸이다. 역시 프랑스인들답게 모조 진주도 세련되면서 고급스러운 색상을 다양하게 연출한다. 특히 일반적으로는 화이트 진주만 볼 수 있는데 이곳에 가면 다양한 길이와 사이즈, 그리고 다양한 크림 색 진주 목걸이를 발견할 수 있다. 이렇게 짙은 크림 색 진주 목걸이는 빅토리아 풍의 스타일을 연출하는 데 완벽하다. 더군다나 잘만 연출하면 가짜라고 의심하는 사람도 없다.

물론 나는 모조 진주 목걸이를 진짜라고 속이지는 않지만 사람들은 항상 반문한다. "그게 진짜가 아니라구요?"라고. 나중에 결혼하여 남편이 보석을 사 줄 수 없는 형편이라고 해도 나는 불만 없이 액세서라이즈의 진주를 이용할 것이다. 진짜 진주의 열 배 이하의 가격이니 마음이 편해서 좋고, 자신을 아름답게 연출할 수 있으니 기분 좋고, 가짜임에도 불구하고 감각적으로 연출할 수 있는 자신의 능력에 기분 좋아지니 어찌 내가 액세서라이즈의 '가짜 진주'를 사랑하지 않을 수 있겠는가.

# 앵커 호킹

Anchor Hocking

파이어 킹 2000

내가 파리에 들를 때마다 한동안 빠지지 않고 가는 곳이 있었다. 그곳은 바로 루브르 박물관 지하 쇼핑가에 있는 레조낭스(Resonances)라는, 매우 세련되면서도 자연주의를 지향하는 인테리어 숍이다. 이곳의 특징은 좋은 퀄리티, 디자인과 함께 색감이 꽤 프랑스적이라는 점이다. 예를 들어 주전자도 일반적인 화이트가 아닌 레드나 라이트 블루와 같이 곱고 세련된 색상을 사용한다. 그곳에서 앵커 호킹 사(社)의 파이어 킹 2000을 발견했다. 멕시코에서 생산된 파이어 킹 2000은 전자레인지 사용도 가능한 유리 그릇으로 디자인이 매우 심플하면서도 옥을 연상하게 하는 그린 컬러가 특징이다. 멕시코 특유의 이국적인 그린 색이 너무나도 마음에 들어 모든 디자인의 식기를 구입하고 싶었지만, 가방 무게 때문에 두 번에 걸쳐 한국까지 사 들고 왔다. 나는 그린 색과 대비되는 색상의 음식을 넣어 먹곤 한다. 자주색 고구마를 넣으면 멕시코 특유의 이국적인 분위기가 물씬 풍기고, 붉은색 체리를 넣으면 화려한 중국 도자기가 생각나고, 베이지 색 감자를 넣으면 부드러운 감각이 돋보여 더욱 맛있고 즐거운 한 끼 식사가 된다.

# 69

# 에르메스

Hermes

켈리 백

"누나, 에르메스하구 샤넬은 사랑하는 남자한테 선물 받아. 여자가 자꾸 자기 돈으로 사 버릇하면 평생 선물도 못 받고 산다." 참으로 진부하고 구시대적인 사고 방식에 어이가 없어 웃었지만 스타일리스트 정윤기의 말은 결국 내게 주술을 걸고 말았다. 물론 쉽사리 구입할 수 있는 금액이 아닌 관계도 있었지만 강렬한 욕망에 사로잡혀 구입해 버릴까 망설여질 때마다 정윤기에게 전화를 건다. "정말로 내가 사면 안 되는 거지?" 나의 말도 안 되는 질문에 그는 매번 잘도 대답한다. "기다리세요. 켈리를 가져올 남자를."

정윤기의 말을 듣다 이제는 세월이 너무나도 흘러 버렸지만 어쨌거나 나는 아직도 유리 구두를 가지고 올 왕자를 기다리는 신데렐라처럼 그렇게 켈리를 가져다 줄 남자를 기다리고 있다. "자신 있고, 당당하게"라는 말을 외치며 열심히 자급 자족하지만, 때때로 로맨틱한 동화 속 이야기를 꿈꾸게 된다.

이젠 너무나도 유명한 일화가 되어 패션에는 문외한들도 알고 있는 내용이지만, 1935년부터 생산되어 온 에르메스의 켈리 백은 1956년 그레이스 켈리가 들면서 '켈리 백'이라는 사랑스러운 호칭을 갖게 된 것으로 지금은 전 세계 수많은 여성들의 로망이 되었다.

에르메스를 대표하는 백이 두 가지가 있다면 바로 버킨 백과 켈리 백이다. 〈섹스 앤 더 시티〉에서 사만다가 버킨 백을 갖기 위해 거짓말까지 하는 장면이 나올 정도로 버킨 백의 '웨이팅 리스트'는 세계적으로 어마어마하다. 모두 수공예로 만들어 한정적인 생산을 하기 때문에 돈이 있어도 기다려야만 받을 수 있으므로 사만다가 루시 리우의 이름까지 팔며 버킨 백을 들려 했던 것이다.

사실 나는 버킨 백보다도 켈리 백을 더 사랑하는 '켈리 족'이다. 데님을 입을 때나 트렌치코트를 입을 때, 마르탱 마르지엘라의 아방가르드한 옷을 입을 때까지도, 제인 버킨처럼 멋지고 세련된 버킨 백보다 그레이스 켈리처럼 단아하고 새침하면서도 세련된 켈리 백이 좋다. 제인 버킨이나 그레이스 켈리나 내게 있어서는 정말로 멋진 아이콘들이지만 켈리 백에선 묘한 섹시함이 느껴지는 이유도 한몫을 한다.

켈리 백 중에서도 나는 붉고 붉은색의 켈리 백을 꿈꾼다. 영화 〈프렌치 아메리칸〉에서 케이트 허드슨이 들었던 것처럼. 이 영화에서 케이트 허드슨은 시도 때도 없이 붉은색 켈리 백을 메고 다녔는데, 그 모습이 어찌나 사랑스럽고 섹시하던지. 영화에서 바람둥이 유부남이 여자를 꼬실 때는 켈리 백을 주고 이별할 때는 역시 에르메스의 스카프를 주는데, 나는 영화에서처럼 헛된 사랑의 욕망으로 켈리 백을 들고 싶지는 않다. 내가 켈리 백을 들고 싶은 이유는 당당하고 강인하면서도 어떠한 시련 속에서도 자신의 가족과 남편을 사랑했던 그레이스 켈리를 꿈꾸기 때문이다.

# 70

# 에쉬레

Echiré

버터

아무리 살이 찐다고 해도 이건 먹어 줘야 한다. 그것도 그냥 먹는 것이 아니라 빵 두께와 똑같이 '척'하고 발라 통째로 입에 넣어야만 한다. 파리 여행의 즐거움 중 하나는 아침에 카페오레와 함께 먹는 갓 구운 바게트이다. 그것도 그냥 바게트가 아니라 에쉬레 버터를 듬뿍 바르고 위에 살짝 꿀을 얹은 바게트 끝 부분으로. 만약 살이 찌는 것 때문에 에쉬레 버터를 먹지 못한다면 다리에 모래 주머니를 달고 해변을 100바퀴 달리는 고통을 감수해서라도 꼭 먹어야만 한다. 갓 구운 바게트에 에쉬레 버터를 발라 먹지 못한다는 사실은 내게 있어 평생 하이힐을 신지 못하는 것과 똑같은 무게의 불행이기 때문이다.

미슐랭 스타급 식당이나 그 유명한 카페 뒤 마고에서조차도 에쉬레 버터는 라벨을 붙인 채 접시에 내놓는다. 그만큼 '에쉬레'라는 이름이 당당하기 때문에 굳이 상표를 떼지 않는 것이다. 1894년에 세워진 에쉬레 버터는 프랑스 중서부에 있는 에쉬레 낙농조직협회에서 전통 발효 기법을 개발하여 만드는 최고의 명품 버터이다. 기계로 만들어 냉동 보관되어 전 세계에 판매되는 일반 버터와는 달리 에쉬레는 그 지역에서 월요일에 짜낸 젖소의 생우유를 사용해 일일이 수작업으

A.O.C. BEURRE DES DEUX-SÈVRES
AOC
BEURRE DES DEUX-SÈVRES
BEURRE
Echiré
30 g
FR
79.109.01
CE
LAITERIE ECHIRÉ
BUTTER

로 만들어 바로 냉장 보관한 다음 비행기로 전 세계로 나른다. 그렇기 때문에 언제나 신선하고 생생한 맛을 즐길 수 있는데, 프랜시스 케이스의『죽기 전에 꼭 먹어야 할 세계 음식 재료 1001』에도 소개되었을 만큼 그 맛이 뛰어나다.

맛있는 것에 대한 열정만큼은 가히 전 세계 일등이라 말할 수 있는 일본에서는 역시 어느 곳에서도 찾을 수 없는 독특한 매장이 열렸다. 도쿄 마루노우치에 에쉬레 버터를 이용한 케이크과 크루아상, 그리고 크림과 버터를 판매하는 '에쉬레 메종 드 블루'가 생긴 것이다. 에쉬레 버터로 만들어진 고소한 마들렌과 크루아상을 구하기 위해 언제나 길게 줄을 서서 기다리는 사람들을 발견할 수 있을 정도로 일본에서는 인기를 얻고 있다.

모든 말이 필요 없다. 무염으로 만들어 짜지 않지만 고소하고, 초원에서 갓 짜낸 생생한 우유의 맛이 전해지면서 혀 안을 부드럽게 감싼다. 그런 에쉬레 버터만이 가지고 있는 진득함과 담백함이 느껴지는 이유는, 아직도 나무 원통을 2~4시간씩 돌려 버터를 만드는 장인들의 정성이 녹아 있기 때문이 아닐까. 어쨌거나 에쉬레를 듬뿍 바른 바게트와 카페오레 한 잔이 있으면 파리의 아침은 더없이 행복하다.

# 71

# 에스니크래프트

Ethnicraft

가구

처음으로 직접 집을 꾸미게 되었을 때 내가 찾아간 곳은 논현동에 위치한 세덱 (Sedec) 가구점이었다. 가구와 인테리어 소품을 판매하는 세덱은 감각적이면서 독창적이고 예술적인 감성의 인테리어 숍이다. KBS 아침 드라마의 부잣집에 나올 것 같은 화려하고 웅장한 가구는 경제적으로나 취향으로나 나와 맞지 않기에 감각적인 세덱을 찾은 것이다.

나는 클래식하고 여성스러운 취향을 가졌지만 인테리어 취향만큼은 굉장히 내추럴하고 편안한 유러피안 스타일을 추구하는 편이다. 그래서 서재나 침실 내부는 아이보리와 브라운 톤으로 맞췄는데, 가구가 문제였다. 무엇인가 아늑하면서도 편안하지만 모던한 감성이 필요했다. 그렇게 세덱 안을 기웃거리다 나는 한쪽 코너에 자리 잡은 잘생긴 가구들을 발견했다. 원목으로 만들어진 가구는 지극히 절제된 디자인이면서도 손잡이나 라인 등이 매우 섬세하게 디자인되어 기품 있었다. 나무가 가지고 있는 편안함과 직선적인 실루엣이 어우러져 지극히 담담하면서도 견고했다. 정말 이런 남자가 있으면 멋있을 거란 생각을 하며 브랜드를 보았다.

'에스니크래프트(Ethnicraft)'. 이름도 어찌나 멋있는지. 에스니크래프트 그룹은 벨기에에서 만들어진 가구 회사로 티크, 오크, 월넛과 같은 단단한 원목을 그대로 사용하여 심플하면서도 우아하고 감각적이면서도 편안한 디자인을 추구하는 곳이다. 'Natural & Simple'이라는 컨셉에 맞게 디자인은 언제나 직선적이면서 절제되어 있지만 구석구석 서랍 입구나 폭의 비율이 가히 '황금 분할'이라는 말이 나올 정도이다. 〈섹스 앤 더 시티〉의 캐리 브래드쇼의 전 남자친구인 에이든이 만들었을 것 같이 담백하고 담담하게 잘생긴 가구들이다.

나는 에스니크래프트의 책상과 사이드 테이블, 그리고 거울을 구입했는데 특히 책상은 평생을 같이 하고 싶은 마음으로 고가임에도 불구하고 구입했다. 지금은 내 손때가 묻어 앞부분이 기름져 있는데 그게 또 멋스럽다. 못은 전혀 사용하지 않고, 모두 수작업으로 만들었다. 원목을 무광 메탈과 매치시킨 장식장은 모던하기까지 하다.

내가 생각하기에 사람과 가구는 부부와도 같다. 한집에서 계속 살아야 하기 때문에 질리면 안 되고, 자신의 취향에 맞는 감성을 가지고 있으면서도 서로를 편안하게 만들어 주어야만 한다. 그렇기 때문에 나는 에스니크래프트의 모든 가구로 꾸민 편안하고 아늑한 집을 만들고 싶다.

# 72

# 에스티 로더

Estée Lauder

리뉴트리브 얼티미트 리프팅 엑스트라 리치 크림

"그럼 박태윤에게 물어보셔야져." 오랫동안 같은 제품만 사용하던 내가 스킨케어 제품을 바꾸고 싶다고 말하자 메이크업 아티스트 손대식이 말한다. "박태윤이 피부 관리를 위해 허천나게 노력하는 모습을 보면 박사님 소리가 절로 나오져." 나의 피부 미용에 대한 나침반 역할을 하는 손대식이 추천한다면 확실한 것이다. 바로 메이크업 아티스트 박태윤에게 전화를 걸어 나의 고민을 이야기했다. "너무 얼굴이 건조하고, 피부 톤이 어두워지고, 각질도 많아졌고, 주름도 깊어지는 것 같은 데다, 피부도 튼튼해졌으면 좋겠고……." 나의 끝도 없는 한탄이 끝나기도 전에 박태윤은 박사님처럼 말했다. "그럼 에스티 로더의 리뉴트리브 얼티미트 리프팅 엑스트라 리치 크림을 써 보세요. 커다란 회색통에 들었는디, 비싸더라도 우린 이것을 꼭 사용해야 하져. 후회 안 하실 것인디." 예의 전라도 사투리가 들어간 단호한 말투로 홈쇼핑 프로그램에 나올 때보다 더 강하게 말했다.

그 즉시 백화점으로 달려갔다. 예상했던 대로 비싼 가격이었지만 확신에 찬 박태윤의 목소리가 귓가에 맴돌아 구입하고 말았다. 그리고 사용한 지 한 달도 채 안 되어 나는 다시 손대식에게 전화를 했다. "태윤이가 다른 것은 또 뭐 쓴대?"

ESTĒE LAUDER
Re-Nutriv
Ultimate White Lifting Creme
Crème lifting blanche suprême

피부가 생기 있게 변하는 것을 꽤 빠른 시간 안에 느낄 수 있었다. 밤에 크림을 아무리 두껍게 발라도 목마른 아이처럼 꿀꺽꿀꺽 피부가 크림을 넘기는 소리가 들리는 것 같을 정도로, 나의 피부는 금세 건조해진다. 그렇기 때문에 웬만한 크림은 소용도 없는데 리뉴트리브 얼티미트 리프팅 엑스트라 리치 크림은 아침까지도 촉촉함이 살아 있다. 그리고 무엇보다도 안색도 밝아졌다는 주변 사람들의 이야기가 나를 기쁘게 만들어 주었다. 레이저 시술도 그 어떠한 시술도 받지 않은 채 그저 이름도 외우기 어려운 리뉴트리브 얼티미트 리프팅 엑스트라 리치 크림을 열심히 발랐을 뿐인데.

남지나해 천연 진주를 갈아 넣은 크림은 바를 때마다 피부에서 진주 파우더의 반짝거리는 고운 입자가 보인다. 천연 재료에서 추출한 성분과 콜로이드 골드로 피부가 건강하게 되고 무엇보다도 자극이 없어 민감한 나의 피부를 진정시켜 주었다. 엑스트라 리치 크림 외에도 로즈마리, 영지버섯, 쥐똥나무, 천연 진주 성분이 팽팽한 피부를 가꿔 준다는 리뉴트리브 얼티미트 리프팅 세럼과 함께 바르면 더욱 효과적이다. 물 한 사발 받아 놓고 달님에게 간절히 기도하는 아낙네의 마음으로 열심히 크림을 바르면서 변해가는 나의 피부를 보며 나는 감사패를 만들고 싶어졌다. 박태윤 박사에게 고마움을 전하기 위하여.

# 73

# 오버랜드

Overland

양털 베스트

샌프란시스코에 여행 갔을 때 나파밸리까지 방문하는 행운을 얻게 되었다. 최고급 포도주 생산지와 포도밭으로 유명한 나파밸리에서 여유로운 시간을 보낸다는 것은 정말 생각지도 않은 꿈같은 일이어서 여행을 떠나기 전부터 꽤나 설레었다. 미국 최대의 포도주 생산지인 나파밸리는 고급 휴양지답게 모든 것이 한가롭고 여유로웠다. 쌀쌀한 겨울 기운이 돌기 시작하는 11월임에도 불구하고 하늘은 어찌나 청명하고 맑던지. LA나 뉴욕만 해도 거리를 한가롭게 걸어 다닌다는 것은 상상도 할 수 없는 일이지만 나파밸리에서는 모든 것이 느리고 여유로웠다.

길가에 늘어선 쇼핑가도 이 한가로운 고장에 맞게 어찌나 작고 예쁜 장난감 집 같은지, 낙엽이 떨어지는 거리를 산책하며 꿀맛 같은 여유를 즐기는데 정말 성냥갑 같은 집을 우연히 발견하게 되었다. 영화 촬영 세트처럼 지어진 통나무 집에 붙은 '오버랜드(Overland)'란 간판이 생소하여 조심스럽게 안을 들여다보자마자 한가로웠던 내 발걸음이 갑작스럽게 엔진을 단 것처럼 빠르게 움직이기 시작했다.

안에는 양털로 만든 이 세상의 모든 것이 모여 있는 듯, 무스탕부터 시작해서 양털로 만든 케이프, 모자, 슬리퍼, 어그, 부츠, 장갑, 가방, 러그는 물론 담요에 이르기까지 다양한 물건들이 즐비하게 놓여 있었다. 밍크나 여우털보다도 양털을 좋아하는 이유도 있었지만, 내가 그렇게 흥분했던 것은 바로 사랑스러운 디자인과 가격 때문이었다.

『알프스의 소녀 하이디』에 등장하는 이웃집 페터가 생각날 정도로 귀여운 스타일로 가득했는데, 양털로 만들어진 케이프는 어찌나 독특하던지 커다란 부피만 아니면 정말 머리에 이고서라도 모두 가방에 담고 싶었다. 또한 밀라노나 파리의 매장에서 본 양털 아이템이 떠올라 짐작했던 비싼 가격과는 달리 이건 웬만한 보세집 정도 되는 훌륭한 가격이었다.

뉴멕시코의 타오스에서 시작된 오버랜드는 1973년 양털 패턴사인 짐 리와 그의 가족에 의해 탄생된 양피 전문 브랜드이다. 이곳에서 나는 길이가 짧고 너무나도 사랑스러운 귀염둥이 베스트를 구입했는데, 이사벨 마랑의 목가적인 원피스와 어찌나 잘 어울리는지 입을 때마다 행복의 눈물을 흘린다. 또한 양털 부츠는 어그와 달리 굽도 있고 무릎까지 모두 양털로 되어 있어, 시베리아 벌판에서도 뜨뜻하게 견딜 수 있을 것 같아, 겨울만 되면 나의 일등공신이 되어 사랑을 듬뿍 받는다. 더군다나 모든 이들이 어그 부츠를 신고 다닐 때 나는 으스대며 무릎까지 오는 귀여운 양털 부츠를 신고 겨울을 즐기게 된다.

# 74

# 올리버 골드스미스

Oliver Goldsmith

## 검은 뿔테 안경

노래방에서 처음 만난 남자 배우가 내게 말했다. '어메이징 그레이스'를 불러 달라고. 그의 말뜻을 알아차리고는 나는 한참을 웃었다. 머리를 단정하게 풀어내리고, 블랙 원피스에 올리버 골드스미스의 뿔테 안경을 끼고 있는 나는 나나 무스쿠리와 모습이 비슷했던 것이다. 때때로 나는 나나 무스쿠리 같다는 소리를 듣는다. 그녀의 미모를 닮아서라기보다 생머리와 검은 뿔테 안경 때문이다. 검정색 뿔테 안경을 끼는 대표적인 가수 조영남을 떠올리지 않는 것이 다행일 뿐이다.

내가 검정색 뿔테 안경을 쓰기 시작한 것은 이십대 중반부터였다. 각막이 약해 렌즈를 착용할 수 없었던 나는 그때부터 검정색 뿔테 안경을 쓰기 시작했다. 당시는 마음에 드는 검정색 뿔테 안경이 없어 검은색 프레임의 선글라스에서 렌즈를 빼고 썼기 때문에 마치 만화에 나오는 캐릭터처럼 우스꽝스러웠다. 그러다 점차 구찌, 카타, 빅터 앤 롤프, 홀릭스를 넘나들게 되었고 지금은 올리버 골드스미스의 묵직한 매력에 푹 빠지게 되었다.

사실 올리버 골드스미스는 스타일리스트 정윤기가 준 화해의 선물이다. 오해로 인해 한동안 서로 토라져 지내다 극적으로 화해했을 때 우리는 마치 초등학교 학

생처럼 다시는 싸우지 않을 것을 맹세했었다. 그리고 정윤기가 가방에서 자신의 안경을 꺼내 주었다. "이거 내가 쓰려고 구입했는데 누나가 써. 그리고 이젠 화내지 마~." 유치찬란하기 그지없지만 그의 사랑의 증표(?)를 받고 나는 감격의 눈물을 흘렸다. "알았어. 너처럼 두꺼운 이 안경을 쓰며 항상 너를 생각할게." 사실 이 안경을 쓰고 방송 출연을 하고 나서 너무나도 많은 사람들로부터 어디 제품이냐는 질문을 수없이 받았다. 그때마다 제대로 답변을 못해 주어 미안한 마음이 들었는데 이 자리를 통해서 말하겠다. 이것은 올리버 골드스미스의 가장 클래식한 베이직 라인으로 다른 뿔테 안경에 비해 선이 두껍고 무게감이 있는 묵직한 안경이다. 디자인의 특성상 약간 무거운 것이 흠이지만 그 어떠한 브랜드의 뿔테 안경과도 비교할 수 없는 '참을 수 있는 존재의 무거움'이다.

올리버 골드스미스의 안경을 쓰는 남자는 무엇인가 담백하고 깊이가 느껴지는 매력까지 생긴다. 그리고 내 경우에는, 내가 좋아하는 여성스러운 외모와 스타일을 과하지 않게 희석시켜 준다. 그렇기 때문에 너무 가볍고 여성스러운 스타일의 안경보다 올리버 골드스미스의 학구적이면서도 당당한 스타일을 좋아하는 것이다. 화장을 안 하고 붉은색 립스틱만 발라도 프랑스 여배우를 능가하는 카리스마를 내뿜어 주는 올리버 골드스미스의 안경을 향한 내 마음은 벽계수를 사모하는 황진이처럼 애틋하기만 하다.

# 75

# 유니클로 +J

Uniqlo +J

베이직 셔츠

스타일의 완성도를 높여 주는 가장 중요한 것은 바로 기본 셔츠다. 아방가르드한 스타일에도, 캐주얼한 스타일에도 모두 어울리고, 담백하면서 청순하고 세련된 스타일을 만들기 위해 절대적으로 필요한 베이직 셔츠는 생각보다 구하기가 매우 어렵다. 인생을 살면서 '기본'에 충실하기가 가장 어려운 것처럼 패션 아이템에 있어서도 마음에 드는 기본 아이템을 구하는 것은 항상 가장 어려운 일이다. 스마트한 베이직 셔츠가 있다면 얼마나 좋을까 생각할 때 바로 유니클로 +J를 발견했다. 2009년에 출시된 +J는 유니클로와 질 샌더의 협업으로 많은 이들의 기대를 한 몸에 받았고, 제품이 판매되기 시작한 지 하루도 안 지나 물건이 동나는 사태가 발생하여 화제가 되기도 했다. 그중에서도 나는 베이직 셔츠의 매력에 빠지게 되었다. 엉덩이를 중간 정도 가려 주는 길이는 비비안 웨스트우드만큼 길지 않아 간편하고, 몸을 슬림하게 타고 내려오는 적당한 사이즈는 발렌시아가보다 넉넉하여 편안하게 입을 수 있다. 더군다나 가격은 또 어떠한가. 동대문 시장과 맞먹는 아름답고 환상적인 가격대에 나는 환호를 지르며 +J를 사랑하게 되었다.

CURE À DOMICILE
depuis 1902
HYDROXYDASE
EAU MINÉRALE NATURELLE GAZEUSE
EAU DÉTOXIFIANTE
AUVERGNE
20 cl

# 76

# 이드록시다즈

## Hydroxydase

미네랄 워터

요 조그마한 것이 어찌나 비싸던지 처음에는 콧방귀만 뀌었다. 그런데 주변의 반응을 들으며 귀가 점차 아기 코끼리 덤보처럼 변하기 시작했다. "정말 이것만큼은 제가 사치를 해도 될 것 같아서요." "위가 편해지는 느낌이랄까." "체지방이 분해된다고 해서." 도대체가 무릉도원에서나 나올 것 같은 이 신비의 물이 무엇인지 알고 싶었다. 세상의 좋은 것 아니면 상대조차도 안 하는 쟈뎅 드 슈에뜨의 디자이너 김재현 또한 이드록시다즈의 물을 아침마다 마신다고 하니 더 솔깃해졌다.

요즘에는 똑똑하지 않으면 나서지도 못하는 것 같다. 핸드폰도, 냉장고도, 심지어 화장품도 똑똑하게 진화하는 가운데 이제는 마시는 생수 또한 똑똑하다고 하니 바로 자체 임상 실험(?)에 들어가기로 했다.

우선 이드록시다즈를 효과적으로 마시기 위해서는 다이어트를 할 때와 같은 부지런함과 지속력이 필요하다. 그리고 똑똑한 아이폰을 상대할 때도 공부하면서 노력해야 하듯이 똑똑한 생수를 마실 때도 노력이 필요하다. 우선 공복에 마시는 것이 가장 좋기 때문에 아침 기상 후 바로 마셔야 하고, 점심 식사 30분 전, 그리고 취침 전에 마시면 효과적이다. 다이어트가 목적일 때는 매일 3병, 체질 개선과 건강 관리가 필요할 때는 매일 2병을 3주에서 4주 간 꾸준히 마실 것. 그리고 마신 후 배가 부글부글 끓는 현상이 나타나는 것은 미네랄 성분이 장의 운동을 활발하게 만든다는 뜻이다. 이드록시다즈는 미네랄이 함유되어 있기 때문에 약간 짭조름한 맛이 나므로 가능하면 차게 마시는 것이 좋다.

프랑스 국립 의학 아카데미가 미네랄 워터로는 약국 판매를 유일하게 인정한 이유는 프랑스 정부가 보호하는 수역에서 채취하는 천연 탄산수로 체내에서 생성되지 않는 중탄산염, 철, 아연과 올리고 성분을 함유하고 있어 다이어트에 효과가 있기 때문이라고 한다. 또한 다량 함유된 마그네슘 성분이 장내 부패균을 제거하고 변비를 해소해 피부까지 맑아진다고 하니, 내가 하루에 마실 커피 분량을 줄이고 영양 크림 하나를 덜 사더라도 매일같이 이드록시다즈를 마실 수밖에 없는 것이다.

# 이사벨 마랑
Isabel Marant

에크루 색 면 원피스

난 그날 어떤 옷을 입었는지에 따라 성격과 말투, 눈빛까지 달라진다. 레오파드 프린트의 시폰 드레스를 입으면 벌써 입술이 살짝 벌어지며 눈빛도 묘한 레이저를 발산한다. 검정색 터틀넥에 조셉의 검정 라이딩 팬츠를 입고 토즈의 브라운 색 부츠를 신을 땐 이 세상 가장 지적인 여자의 표정을 내기 위해 감정 몰입한다. 그렇다. 스타일은 내게 있어 감정이자 소망이다. 그리고 즐거움이다. 배우가 아님에도 불구하고 그날 하루 의상에 맞는 인물로 변신할 수 있다는 사실이 즐겁다. 그렇게 그날의 기분에 따라, 보이고 싶은 이미지에 따라 의상을 선택하기도 하는 내가 지극히 순수하고 청순한 분위기를 내고 싶을 때 선택하는 의상은 바로 이사벨 마랑의 면 소재 원피스다. 그런데 그냥 면 소재 원피스가 아니다. 에크루 색상, 그러니까 면이나 마의 생지(生紙, 염색하지 않은 상태) 색상으로 아이보리 색상보다 더 천연의 느낌이 나는 하얀색 원피스이다. 그리고 여기에 물망초 꽃이 엠브로이더리 방식으로 수놓여 있는, 시골 처녀 같은 원피스이다.

이 원피스를 처음 보았을 때 나는 멈춰 선 채로 한동안 움직이지 않았다. 마치 영화 〈브레이브 하트〉에서 멜 깁슨이 아름다운 마을 처녀를 처음 만났을 때와 같이

넋을 놓고 바라보았다. 이사벨 마랑은 면이나 리넨, 가죽 등 천연 소재를 많이 사용한다. 그리고 그것을 워싱 가공하거나 구김이 있는 천연의 상태 그대로 사용하면서 중세적인 여성스러움으로 표현한다. 〈반지의 제왕〉에서 볼 수 있을 것 같은 베스트나 튜닉 스타일의 원피스, 혹은 블라우스 등에 엠브로이더리 자수를 한 스타일은 매우 여성스러우면서도 서정적인 감성을 자아낸다.

그런 이유로 나는 이사벨 마랑의 면 소재 원피스를 즐겨 입는데 특히 이 에크루 색상의 원피스는 나의 사랑을 듬뿍 받는다. 그 사랑은 열정적이고 강렬한 사랑이라기보다 보호해 주고 싶고 지켜 주고 싶고 마음이 푸근해지는 그런 첫사랑과도 같다. 그래서인지 이 에크루 색상의 원피스를 입는 날 나는 굉장히 순해지고 온화해지며 보호받고 싶은 여자처럼 변한다.

매치하는 아이템 또한 독하지 않은 아이들을 선발하여 짝을 지어 준다. 굽이 아찔한 스틸레토보다는 토즈의 가죽 부츠나 페드로 가르시아의 납작한 가죽 샌들을 신고, 하얀색 양털 베스트나 꽃처럼 조각된 상아 목걸이를 매치해 준다. 물론 메이크업도 스모키 아이가 아닌, 마스카라로 눈썹을 길게 강조하고 볼터치를 발그레하게 한 일명 '아이 부끄러워 메이크업'을 한다. 이렇게 목가적이고 서정적인 에크루 톤으로 맞춰서 스타일을 연출하면 사람들은 "오늘 무슨 일 있냐?" 혹은 "오늘따라 순해 보인다"고 연신 물어 본다. 그렇기 때문에 내가 순해지고 싶고, 여성스러워지고 싶고, 사랑스러워지고 싶을 때는 나는 어김없이 이사벨 마랑의 면 원피스를 입는다.

# 78

# 인디언 실버

Indian Silver

은반지

진주, 크리스털, 다이아몬드 등등. 내가 좋아하는 반지는 대충 이러하지만 때때로 아방가르드한 앤 드뮐미스터나 주카, 드리스 반 노튼의 의상을 입을 때는 영 어울리지 않는다. 아니 그런 반지가 오히려 부끄럽게 여겨질 정도이다. 이런 의상, 그러니까 뭔가 몸매를 적극적으로 드러내지 않는 자연스러우면서도 예술적인 성향이 물씬 풍기는 의상을 입을 때 혹은 하얀색 티셔츠에 데님 팬츠만 입을 때 어울리는 것이 바로 실버 반지다.

처음 내가 실버 반지를 구입하게 된 곳은 인디언 실버이다. 지금으로부터 십오 년도 더 된 이야기로 패션 디자이너 시절 서울은 지금과는 사뭇 다른 느낌이었다. 어디를 가도 내가 입고 다니는 옷은 눈에 띄었고, 조금이라도 독특한 액세서리나 의상을 살 수 있는 곳은 찾기 힘들었던 시절이었다. 지금이야 굳이 파리나 뉴욕에 가지 않고서도 서울에서 해외 패션잡지에서 볼 수 있는 소품과 의상을 충분히 구할 수 있게 되었지만, 그 당시만 해도 한 번 해외 출장이라도 가게 되면 열심히 발품 팔며 뭔가 새롭고 독특한 것을 구해 와야 한다는 사명감에 불타곤 했다. 그렇게 우울하고 암울했던 시절 내게 유일한 희망이자 즐거움을 주는 곳이 바로 압구정동 로데오 거리에 위치한 인디언 실버였다. 그 당시만 해도 커다란 칵테일 반지나 독특한 모양의 반지 등의 액세서리는 구하기 힘들었는데 인디언 실버에서는 대책 없을 정도로 커다란 반지를 발견할 수 있었다. 그때마다 "심봤다"를 외치며 반지를 구입하여 즐겁게 끼곤 했다. 그리고 얼마 전 십여 년 만에 들른 인디언 실버에서 나는 다시 "심봤다"를 외칠 수 있었다. 물고기자리인 나는 물고기 문양이나 그림, 모양을 좋아하는데 보기에도 한눈에 물고기임을 알 수 있는 은반지를 발견한 것이다. 마치 '오병이어의 기적'을 상징하는 것 같은 이 반지는 요즘 내가 가장 즐겨 끼는 반지로, 스트라이프 티셔츠에도, 미우미우의 H라인 코트나 이사벨 마랑의 원피스에도 더없이 잘 어울린다.

이 외에도 인디언 실버에서 구입한 또 하나의 보물은 바로 장미꽃 실버 반지다. 손가락 두 개 정도를 뒤덮을 정도로 커다란 장미꽃이 상아나 산호도 아닌 실버로 조각되어 있는 것이 매우 독특한데 물고기 반지와 같이 착용하게 되면 '장미에 입을 맞추는 물고기'가 되어 나의 손가락을 드라마틱하게 만들어 준다.

# 79

# 일 부세토

## Il Bussetto

아이팟 나노 케이스

홍콩의 레인 크로포드(홍콩의 고급 백화점)에 있는 CD와 DVD 매장에 가면 음악에 관련된 몇 가지 제품들이 있다. 아이팟부터 시작해서 헤드폰, 씨디 케이스 등 가장 감각적이고 세련된 아이템들만 모아 놓았는데, 이곳에서 나의 눈에 가장 먼저 들어온 것이 바로 일 부세토의 아이팟 나노 케이스였다. 대체적으로 아이팟에 관련된 액세서리들은 매우 미니멀하거나 모던한데 일 부세토의 아이팟 케이스는 나의 감성과 완벽하게 맞아 떨어졌다.

클래식한 감성을 지닌 나는 의외로 기계의 미니멀함을 좋아한다. 나는 기계를 때때로 이성처럼 생각한다. 나의 이상형 남자는 담백하면서 담담한 스타일인데, 아이팟이나 블랙베리, 메르세데스 벤츠는 내게 있어 마치 강한 내공을 숨기고 있는 조용한 남자의 모습과 같다. 그런데 그 남자가 또 너무 절제된 질 샌더나 미니멀한 캘빈 클라인을 입는다면 나는 질려서 도망가고 말 것이다. 조금은 편하고 자연스러운 면 소재의 셔츠에 치노 바지를 입고 가죽으로 된 로퍼를 신는다면 정말 편할 것 같다. 그런 이유로 메르세데스 벤츠의 가죽 시트가 좋고, 블랙베리의 메탈과 가죽 매치가 좋은 것이다.

그러니 내게 있어 아이팟 나노와 일 부세토의 가죽 케이스의 만남은 환상적이다. 극도로 절제된 아이팟 디자인과 가죽이 갖는 따뜻한 느낌은 내가 찾는 이상형의 남자처럼 멋지기만 하다. 그래서인지 일 부세토 가죽 케이스에 넣은 아이팟 나노를 가지고 음악을 들으면 더욱 기분 좋은 것 같다.

일 부세토는 레오나르도 다빈치와 미켈란젤로가 존재했던 예술의 도시 피렌체에서 탄생한 전통 있는 가죽 제품 브랜드이다. 장인들에 의해 일일이 수작업으로 만들어지는 일 부세토의 제품은 사실 동전 지갑과 시가 케이스가 유명하다. 아이팟 나노 케이스 다음으로 일 부세토에서 구입하고 싶은 것은 바로 핸드폰 케이스인데 천연 가죽임에도 불구하고 어찌나 아름다운 초록색으로 염색을 했는지 나의 감성을 자극하기에 충분하다. 언젠가 피렌체에 가게 되면 일 부세토 매장에 들려 초록색의 멋진 핸드폰 케이스를 구입하여 나의 아이폰을 멋지게 꾸며 주고 싶다.

# 80

# 쟈뎅 드 슈에뜨

Jardin de Chouette

추추 스커트

여자는 팔랑거리는 추추 스커트 하나 정도는 가지고 있어 주어야 한다는 것이 '서은영의 패션 철칙' 중 하나이다. 물론 자신의 취향과 개성에 따라 달라질 수 있겠지만 키가 좀 작은 사람이라도 길이를 조절해서 팔랑팔랑, 하늘하늘거리는 발레리나 스커트, 일명 추추 스커트를 입는다면 공주처럼 사랑스럽고 우아해질 수 있기 때문이다.

나는 추추 스커트 신봉자다. 하늘하늘 시폰이 아닌 망사로 된 추추 스커트는 발레리나가 입는 의상에서 비롯된 명칭이다. 무대 위에서 아름답게 춤을 추는 지젤의 드레스가 바로 가장 대표적인 추추 스커트로 여자를 지극히 섬세하고 아름답게 만들어 주는 매력을 가지고 있다. 물론 지젤의 치마가 아름답다고 하더라도 하얀색 스커트를 입고 나돌아다니면 결혼식을 하다가 도망친 것이라 오해받을 수 있고 자칫 촌스러워질 수도 있다. 그러나 검정색 추추 스커트라면 이야기가 달라질 것이다. 검정색은 웬만한 촌스러운 디자인이나 경박한 스타일조차도 세련되게 만들어 주는 초강력 울트라 내공을 지닌 색상이다. 그러므로 지젤의 우아한 추추 스커트가 검정색으로 변신한다면 이야기는 다르다.

나는 추추 스커를 니트 풀오버, 니트 카디건, 화이트 셔츠, 혹은 스트라이프 티셔츠와 매치시켜 입는다. 특히 김재현이 만드는 쟈뎅 드 슈에뜨에서 구입한 추추 스커트는 너무 여성스럽지 않고 세련되었다. 이유는 스커트의 마무리 때문이다. 층층이 플레어가 들어간 실크 오간자(망이 곱고 형태감이 살아나는 실크 소재) 밑단을 시접 처리하지 않고 커팅하거나, 실크를 그대로 자른 채 여러 겹 덧대어 만들었다. 허리는 리본 테이프로 처리를 하거나 시접 처리를 하지 않아 약간은 거친 듯한 느낌을 준다. 아방가르드하면서도 모던하고, 그러면서도 섹시한 감성을 지닌 김재현만이 보여 줄 수 있는 센스이다.

이 추추 스커트는 소재가 얇지만 겨울에 더욱 그 진가를 발휘한다. 왜냐하면 지극히 여성스러운 추추 스커트에 아름다운 스틸레토를 신는 것보다는 라이딩 부츠 같은 터프하고 클래식한 스타일이나 니트 풀오버를 매치시켜 주면 매우 세련되면서도 우아한 감성을 연출할 수 있기 때문이다.

이 아름다운 추추 스커트를 입고 데이트할 때는 자신의 여성스러움을 한껏 발휘할 수 있게 된다. 앉을 때도 스커트가 공기에 살짝 퍼지면 새끼손가락을 펴서 치맛자락을 정리한다. 그 모습을 바라보고 있는 남자를 향해 생긋 한 번 웃어 주면 사랑이 더욱 무르익게 된다. 항상 팬츠만 입으며 매니시한 의상을 즐기는 김재현도 유일하게 입는 스커트가 바로 이 추추 스커트다. "이런 치마를 입으면 남자들 행동이 달라져. 문도 열어 주고, 나를 굉장히 여자로 대해 주는 것이 좋아"라는 김재현의 말처럼 나 또한 사랑을 받고 싶을 때는 언제나 쟈뎅 드 슈에뜨의 추추 스커트를 즐겨 입게 된다.

# 81

# 조 말론

Jo Malone

레드 로지즈 코롱 · 바디로션

"어디서 나는 장미향이지?" 항상 물어 본다. 엘리베이터에 타거나, 차 안에서, 혹은 지나가는 사람조차도 내게 항상 물어 보곤 한다. 어떤 이는 노래도 부른다. "너무나 예쁜 장미 한 송이~ 장미"라고. 기분 좋은 일이다. 내게서 나는 장미향을 맡으며 사람들이 기분 좋다고 하니. 더군다나 멋진 남자로부터 그런 이야기를 들을 때면 청혼이라도 받는 것처럼 설레기까지 한다. 아니, 솔직히 고백하건대 짜릿할 정도로 기분이 좋아진다. 만화 『미녀는 괴로워』에서처럼 내 등 뒤로 백만 송이의 장미가 뿅뿅 피어나는 것만 같다. 내게서 나는 향을 맡으며 나를 돌아봐 주고, 예쁘게 기억해 준다는데 기분 나빠할 여자가 어디 있겠는가.

향은 추억보다 진하게 남는다. 무슨 광고 카피 같지만 사실이 그러하다. 스쳐 지나가는 향만으로도 한순간의 사랑이 떠오르고, 순간의 달콤함이 밀려오고, 당시의 기쁨이 세포에 남아 다시 한 번 전율을 느끼게 한다. 물론 그 향으로 인해 아픈 기억과 아련한 순간이 떠오르며 마음이 오그라들 때도 있지만, 어쨌거나 향이란 그 사람을 만나지 않아도, 보지 않아도, 때로는 그 장소에 가지 않아도, 모든 것이 생각나게 만드는 신비한 매력을 지니고 있다. 그런 이유로 나는 조 말론의

JO MALONE
LONDON

RED ROSES
COLOGNE

JO MALONE
LONDON

RED ROSES
BODY LOTION
Lait pour
le Corps

레드 로지즈 장미향을 사랑한다.

아주 오래 전부터 장미향을 좋아했기 때문에 각종 브랜드의 장미 향수를 사용했다. 그러나 대체적으로 너무 달콤하거나 혹은 너무 섹시하거나 때로는 너무 화려해서 금세 질리곤 했다. 내가 바라는 여자는 아름답지만 담백하고, 섹시하지만 담담하며, 여리지만 당당하고, 화려하면서도 부드러운 여자이다. 그렇기 때문에 적나라하게 아름답고 섹시하고 화려한 장미향은 재미도 없고 매력도 없다. 그런데 조 말론의 레드 로지즈는 내가 원하는 여자로 만들어 주기에 충분한 장미향을 담고 있다. 더구나 시간이 지날수록 편안하고 부드럽게 변하는 잔향은 더욱 아름답다. 언제나 향에는 아름다운 순간과 함께 아련한 추억이 숙성되어 있다. 그 숙성된 순간과 향과 여인의 아름다움이 합쳐질 때 향수의 매력이 깊게 퍼지는 것이다.

JOSEPH

# 조섭

Joseph

라이딩 팬츠

조섭에서 구입한 검정색 라이딩 팬츠는 고탄력 스타킹처럼 탄력 있는 저지임에도 불구하고 소재감이 있어 다리 모양을 늘씬하고 길게 만들어 주는 요술 팬츠이다. 더군다나 종아리 안쪽으로 승마용 바지처럼 한 겹 덧대어져 있어서 다리도 더욱 가늘어 보인다. 내가 이 팬츠를 입고 나가는 날이면 사람들은 어김없이 살이 빠졌냐고 물어 보기 때문에 나는 베이지 색상까지도 구입하고 말았다. 더군다나 나의 라이딩 팬츠 사랑에 감염된 김아중도 색상별로 구입하여 세련되게 연출하곤 한다. 세기의 패셔니스타인 재클린 케네디가 즐겨 입었던 아이템이 바로 라이딩 팬츠 즉, 승마용 바지다. 고급 스포츠인 승마를 즐기기 위해 디자인된 라이딩 팬츠는 우선 움직이기 편하도록 신축성이 뛰어난 소재를 사용하고, 말의 등에 닿는 부분인 다리 안쪽에 원단을 덧대어 다리를 보호하게 만들었다. 그러한 이유로 나는 조섭의 라이딩 팬츠를 일년 내내, 눈이 오나 비가 오나 즐겨 입게 되었다. 이 라이딩 팬츠에 가장 어울리는 것은 화이트 셔츠, 혹은 블랙 터틀넥 니트와 더불어 라이딩 부츠이다. 여기에 진주 귀고리 정도를 포인트로 하면 편안하면서도 우아한 스타일을 연출할 수 있는 요술 바지가 된다.

FLORA'S DICTIONARY
Presented
to
M
COMPANY

# 83

# 존 데리안

John Derian

장식 접시

눈물을 흘리면서 보고 말았다. 어찌나 예쁘고, 어찌나 사랑스럽던지. 처음엔 하도 신기한 마음에 그저 구경만 하려 했던 것이 양손에 접시를 잔뜩 들고 어찌할 바를 모르게 되었다. 배우 김아중과 함께 뉴욕에 화보 촬영을 갔을 때 일이다. 잠시 틈을 내어 버그도프 굿맨 꼭대기 층에 있는 인테리어 소품 코너에 들렀다. 너무나도 아름답고 우아한 식기는 물론 인테리어 소품이나 전문 서적이 놓여 있는 꼭대기 층은 구입하지 않더라도 보는 것만으로도 기분이 좋아지고 감성과 감각을 키우기에 더없이 좋은 곳이다. 그런 이유로 뉴욕에 가면 언제나 들르는 곳이기도 하다. 빅토리아 풍의 식기부터 은제 식기, 앤티크 식기와 고풍스러운 백화점의 인테리어는 19세기 말 극도로 화려했던 뉴욕을 완벽하게 재현한 마틴 스코시즈 감독의 영화 〈순수의 시대〉를 생각나게 한다(영화 도입부에 화려한 식기들이 등장하는 장면은 감동적이기까지 하다).

어쨌거나 아무리 짧게 간 화보 촬영 일정이어도 이곳을 빼놓을 순 없다는 생각에 들렀는데 역시 나를 실망시키지 않았다. 장미꽃다발이 빅토리아 풍으로 사랑스럽고 고풍스럽게 그려진 접시, 마치 피카소의 드로잉처럼 멋진 소나무 그림, 소년의 얼굴을 하고 있는 산양, 봄을 알려 줄 것 같은 아름다운 새 그림의 접시가 무심하게 진열되어 있는 것을 보고 나는 숨도 제대로 못 쉬며 둘러 보았다.

'데쿠파주 플레이트'. 오려낸 종이쪽지를 붙이는 그림 기법인 데쿠파주 기법을 이용하여 앤티크 풍의 그림을 그려 넣은 접시들은 나를 감동시키기에 충분했다. 미켈란젤로의 시스티나 성당 벽화가 연상되는 천사 그림부터 다양한 허브들의 그림, 리본과 꽃 그림, 곤충이나 고풍스러운 로마 서체 그림 등 존 데리안의 아름다운 그림을 보고 있노라면 마치 팀 버튼의 영화나 동화책을 보고 있는 것 같다.

원형부터 타원형, 정사각형, 직사각형 등 다양한 크기와 모양이 있는데 크기가 한예슬 얼굴만큼 작아도 가격은 5만 원 이상 한다. 하도 이것저것 구입하고 싶은 것이 많아 고심하던 내가 안타까웠는지 같이 갔던 선배가 말한다. "내가 사무실 이전 기념으로 사 줄게"라며.

마침 사무실 이전을 앞두고 얻은 횡재라 생각하며 냉큼(?) 받은 선물은 앤소니의 엄마가 가꾼 정원이 연상되는 아름다운 장미들과 벌새 그림 접시와 행운을 가져다 줄 것 같은 예쁜 새 그림 접시이다. 특히 장미와 벌새가 그려진 접시는 그 크기와 모양, 그림, 색상의 조화가 어찌나 아름다운지 뒤에 옷핀을 달아 가슴에 달고 다니고 싶을 정도이다. 고백하건대 사무실 이전 축하 선물로 받은 이 사랑스런 접시는 선배의 의도와는 달리 내가 결혼하면 화장대 위에 올려놓기 위해 아직도 애지중지 상자에 간직하고 있다.

# 84

# 처치
Church's

토트백

내가 결혼하여 만약 아들 둘을 낳게 된다면, 나의 둘째 아들은 처치의 가죽 토트백 같은 아이였으면 좋겠다는 생각을 해 본 적이 있다. 무슨 뚱딴지 같은 이야기를 또 하냐고 묻겠지만 내게 있어 처치의 토트백은 귀엽고 착한 보조 백이기 때문이다. 샤넬의 클래식 백은 예쁘긴 하나 사이즈가 너무 작아 이것저것 넣어 다닐 수 없는 불편함이 있다. 이 때 처치의 토트백은 보조 백으로 쓰기에 참으로 적당하다. 헝겊으로 된 보조 백보다는 고급스럽지만 너무 거만해 보이지 않고, 편안하면서도 세련되고, 실용적이면서도 클래식하다. 더군다나 디자인이 강하지 않고 심플한 것이 따뜻한 크림 색과 부드러운 가죽 소재와 어우러져 담담하면서도 여유로워 보인다. "나 잇 백이거든요~"라며 으스대다 유행이 지나면 슬그머니 꼬리를 내리고 사라지는 백들보다 훨씬 더 자아(自我)가 느껴진다. 더군다나 이 토트백은 혼자서보다 샤넬 클래식 백과 같은 메인 백의 보조가방으로 들 때 존재감이 살아난다. 물론 마린 룩이나 클래식 프레피 룩에 메인 토트백으로 들 때도 좋지만 샤넬 클래식 백이나 켈리 백의 보조가 될 때는 "너 참 겸손하구나. 형 뒤에서 나대지도 않고 조용히 있네~"라며 칭찬해 주고 싶어진다.

그런 이유로 처치의 토트백과 같은 둘째 아들이 있으면 좋겠다는 생각을 하는 것이다. 귀여우면서도 편안하고, 너무 나대지 않으면서도 존재감이 있고, 잘생겼으면서도 배려심이 있는 그런 따뜻한 작은 아이가 있으면 엄마로서 참 행복할 것만 같다. 예전에 영화 〈애정의 조건〉에서 초코바를 사달라고 떼쓰는 형 대신 돈이 없는 엄마를 위해 자신은 초코바를 먹고 싶지 않다며 조용히 말하는 귀여운 둘째 아들이 참 인상적이었는데, 내게 있어 처치의 토트백은 그런 존재인 것이다.

처치는 1873년에 영국에서 만들어진 하이엔드 제화점에서 시작된 전통 있는 수제 전문 브랜드로 지금은 프라다 그룹에 인수되어 더욱 에지 있는 스타일을 선보이고 있다. 처치의 구두는 영국의 클래식함과 견고함이 함께 느껴진다. 그러나 처치가 진가를 발휘할 때는 핫 트렌드 아이템과 어우러졌을 때이다. 유행의 가장 선두에 있는 아이템은 자칫 가볍거나 싫증이 나기 쉬운데, 이럴 때 전통적인 클래식 아이템을 매치시켜 주면 완성도가 높아진다. 트렌드 세터이기도 한 배우 김민희가 처치의 라이딩 부츠를 아방가르드한 스타일과 매치시켜 연출하는 이유도 그 때문이 아닐까 싶다. 내게 처치의 베스트 3를 꼽으라고 한다면 우선 마르티나(Martina)라는 우아한 이름의 라이딩 부츠이고, 다음은 샐리(Sally)라는 이름의 페이턴트 슈즈이다. 페이턴트란 일명 애나멜 가죽으로, 샐리는 남성적이면서도 페이턴트 소재가 주는 화려함 때문에 멋스럽다. 그리고 세 번째는 2010년 봄 컬렉션에 등장한 하늘색 스웨이드 옥스퍼드 구두이다. 사랑스러운 파스텔 톤이 남성적인 디자인과 어우러져 매우 감각적이다.

나는 개인적으로 처치의 구두를 신는 남자를 좋아한다. 데님을 입더라도 스웨이드의 옥스퍼드나 러버 슈즈를 신는 남자는 〈섹스 앤 더 시티〉의 에이든처럼 담담하면서도 섹시하고, 감각적이면서도 든든해 보이기 때문에, 내 남자에게도 꼭 추천하고 싶은 브랜드이다.

충각네 야채가게
구운
바나나칩
Banana Chip
眞

# 85

# 총각네 야채가게

구운 바나나

〈올리브 쇼〉까지 진행하다 보니 연예인들의 심정을 이제야 이해할 수 있게 되었다. 추운 날씨에도 불구하고 얇은 옷을 입고 세상을 다 얻은 듯한 표정을 지어야 할 때도 그렇지만, 차를 직접 운전하며 종횡무진 누비는 바람에 끼니를 거를 때마다 참으로 고통스럽기까지 하다. 그럴 때마다 차 안에서 배고픔에 울부짖곤 하는데, 더군다나 막히는 도로에서 피로감까지 밀려올 때는 스트레스와 짜증으로 폭발하기 직전이 된다.

매번 김밥을 사놓을 수도 없는 일이다. 더군다나 밀가루 음식은 살찌는 데 일등공신이라는 이유로 입에서 뗀 지 오래됐기 때문에 내 차 안에서 빵은 구경도 할 수 없다. 그렇다고 굶주림에 지치거나 피로에 찌들어 다닐 수도 없고 무엇인가 대책이 필요했다. 사실 나는 식재료와 맛에 매우 민감한 편이기 때문에 식사 대용으로 과자나 인스턴트 음식을 절대 먹지 않는다. 그렇기 때문에 가방에는 언제나 여러 가지 과일이나 고구마 등이 비닐봉지에 담겨 있는데, 어느 날 조용히 가방에서 비닐봉지 안에 든 사과를 꺼내 먹는 내 모습을 보고 이혜영은 동물원의 곰 같다며 놀린 적도 있다.

그런데 사과는 쉽게 변색이 되고, 바나나나 고구마는 잘 으깨어져 보관하기 어렵다. 그래도 무엇인가 영양가도 있으면서 맛도 있는 것을 찾고 있던 나는 해결책을 찾게 되었다. 우선 총각네 야채가게의 '구운 바나나'. 구운 바나나와 나의 만남은 운명적이라고 말할 수 있겠다. 달달하면서도 과자가 아니고, 배고플 때 허기를 채울 수 있는 것이 무엇이 있을까 생각하던 때에 우연히 총각네 야채가게를 들르게 되었다. 반찬을 매번 해 먹는 것도 아닌데 그날 따라 어쩐 일인지 발길이 총각네로 향했던 것은 바로 구운 바나나를 발견하기 위함이라 나는 굳게 믿고 있다.

어쨌거나 이름도 신기한 구운 바나나를 만지작거리자 총각네의 총각 한 명이 내게 말했다. "그거 먹다 보면 중독돼요." 그의 말에 한 번 먹어 보았는데 이건 아주 흥미로운 맛이었다. 동남 아시아에서 구입하는 바나나 칩은 기름기가 있어 바삭거리는 맛이 없기 때문에 먹다 보면 질리는데 이 구운 바나나는 정말 구워서 그런지 아주 담백하고 아삭거린다. 더군다나 너무 달지 않으면서도 크렘 브륄레 같은 캐러멜 맛이 입안을 부드럽게 감싼다. 몇 개 아작거리면서 먹다 보면 꽤 든든해져 허기도 채울 수 있다.

그런 이유로 언제나 나는 구운 바나나를 조수석에 싣고 다니며 배가 고플 때 혹은 짜증스러울 때마다 입에 넣는다. 이 비슷한 구운 바나나를 남대문 시장에서도 구입한 적이 있는데 총각네 것과는 분명 다르다. 총각네 구운 바나나가 더 캐러멜 맛이 돌고 아삭거리기 때문에 강한 중독성을 가지고 있다.

# 86

# 컨버스
## Converse

스니커

패션 피플에는 두 가지 종류가 있다. 구두를 신는 사람과 컨버스의 스니커를 신는 사람. 전 세계적으로 패션 관계자 여러분들이 가장 많이 신는 운동화는 아마도 컨버스의 스니커일 것이다. 언제부터인가 남자들이 청바지가 아닌 양복 바지에 컨버스 스니커를 신는 것이 유행이 되었다. 심지어 턱시도 수트에까지 컨버스를 신는다. 그것도 눈에 확실하게 튀는 화이트로 말이다. 캐주얼이나 스포츠 브랜드 중 이렇게 패셔너블한 감각을 가지고 있는 강한 내공의 소유자는 없을 것이다. 이제 여자들 또한 섬세한 원피스를 입거나 길고 긴 티어드 스커트(일명 집시치마)를 입을 때도 스니커를 신으니 말이다.

하이힐을 좋아하는 나 또한 컨버스의 스니커를 즐겨 신는다. 물론 뉴발란스의 스니커도 좋아하지만 너무 스포티즘으로 가지 않고 편안하게 즐겨 신을 수 있는 것은 역시 컨버스다. 그런 이유로 나는 많은 스니커를 가지고 있다. 화이트, 아이보리, 베이지, 그레이, 블랙, 블루부터 시작해서 레드, 네이비에 이르기까지 그 종류도 다양하다. 더군다나 화이트, 그레이, 핑크 컬러는 끈이 있는 클래식 라인과 끈이 없는 것까지 있다.

내가 본 사람 중 컨버스를 가장 멋지게 신는 사람이 있다면 나는 단연코 여배우 윤여정을 말하겠다. 사실 그녀는 한국의 잔 모로라고 말하고 싶다. 왜소한 체구에도 불구하고 강렬한 카리스마를 내뿜고, 클래식하면서도 날카로운 관능미가 흐른다. 그래서인지 노령(?)에도 불구하고 그녀는 아직도 에로틱한 역을 맡게 된다.

어쨌거나 내가 윤여정을 좋아하기 시작한 것은 아주 오래전부터다. 정말 어렸을 때임에도 불구하고 그녀의 샤넬 룩이나 에르메스 룩이 너무나도 인상적이었기 때문이다. 지금도 그녀는 샤넬과 에르메스를 즐겨 입는데, 정말로 놀라운 것은 여기에 컨버스 스니커를 매치시킨다는 점이다. 샤넬의 캐시미어 니트 카디건이나 스트라이프 니트에 데님 팬츠를 입을 때나, 에르메스 아이보리 니트 카디건에 너무나도 사랑스러운 면 드레스를 입을 때, 그녀는 어김없이 화이트 컨버스 스니커를 신는다. 그리고 버킨 백을 든다. 어찌나 '쿨'하고 멋지던지 나이를 먹어도 멋있을 수 있구나라고 생각하며 처음으로 두려움이 없어졌을 정도였다.

그래서 때때로 상상해 본다. 나의 노후를. 백발에 붉은 립스틱을 칠하고 샤넬의 니트 풀오버를 입고 어깨에 카디건을 걸친 내가 화이트 컨버스 스니커를 신고 계속해서 열심히 일을 하고 있는 모습을.

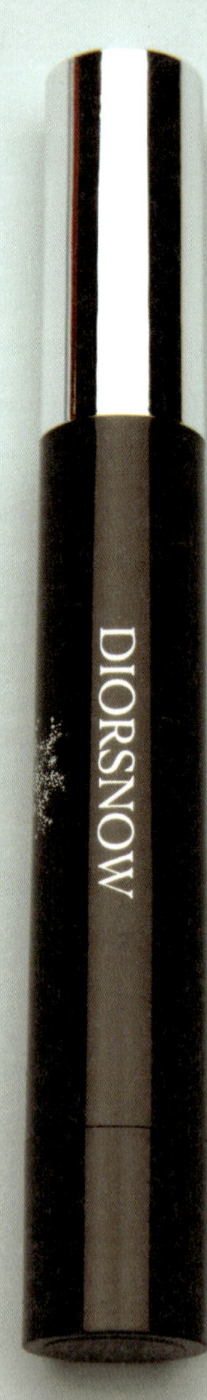

DIORSNOW

# 크리스찬 디올
Christian Dior

디올스노우

"미치겠어. 언제부터 생겼는지 요즘 눈에 띄게 보이네. 레이저 치료를 한번 받아 볼까." 야외 촬영을 할 때마다 자외선 차단제를 열심히 발라 줘야 하건만 바쁘고 귀찮다는 핑계로 소홀히 한 대가가 바로 기미다. 푸켓의 눅눅한 태양 아래서도, 이집트의 작렬하는 태양 아래서도 나는 하늘을 우러러 한 점 부끄럼이 없이 당당하게 서 있었다. 짙어진 기미로 인해 한숨을 깊게 내쉬는 내게 〈바자〉 편집장 전미경이 말한다. "괜히 돈 들여 레이저 하지 말구, 스팟 이레이저를 한번 써 봐. 꾸준히 잘 사용하면 효과 본대. 얼굴 예쁘게 돼서 날 계속 웃겨줘." 눈 밑에 생긴 기미만 없어질 수 있다면 짐 캐리 얼굴 표정을 모두 흉내 내서라도 그녀를 즐겁게 해주겠다. 반신반의하는 마음으로 전미경이 준 디올스노우를 매일 아침, 밤 기도드리는 마음으로 발라 보았다. 그러던 어느 날 무심코 거울을 들여다보니 기미가 많이 옅어졌다는 사실을 알게 되었다. 마치 광고의 한 장면처럼 거무튀튀했던 기미가 사라진 것을 보며 나는 디올스노우를 심장에도 발라 보고 싶어졌다. 열심히 바르다 보면 아련한 기억도 지워질 수 있을까라는 마음에.

# 88

# 크리스티앙 루부탱

Christian Louboutin

레오파드 웨지힐

아마도 호빗족을 이런 식으로 내려다보았을 것 같다. 〈반지의 제왕〉에서 아라곤
이나 요정들이 난쟁이 호빗족을 내려 볼 때처럼, 무려 18센티미터나 되는 크리
스티앙 루부탱의 웨지힐을 신으면 나는 모든 것을 내려다보게 된다. 내 키가 166
센티미터이니 앞굽, 뒷굽 다 높은 그 웨지힐을 신으면 184센티미터 정도의 키가
된다. 송치 웨지힐을 신고 나가면 언제나 우러러보는(?) 배우 정우성하고도 어깨
를 나란히 하고 이야기를 할 수 있다. 그런 이유로 나는 크리스티앙 루부탱의 웨
지힐을 신을 때면 세상을 다 얻은 듯 거만하고 당당한 모습으로 걷고 싶은데 다
리를 삐끗할까 두려워 가끔은 밑을 주의해서 보게 된다.

그럼에도 불구하고 내가 이 강력한 수퍼 울트라 킬힐을 신는 이유는 바로 멋진
레오파드 패턴 때문이다. 나는 진주와 스트라이프 패턴과 함께 지독한 레오파드
프린트 마니아다. 유지니아 킴의 송치 모자, 마이클 코어스의 드레스와 재킷, 돌
체 앤 가바나의 재킷, 루이비통의 스카프, 주세페 제노티의 오픈토 힐부터 로베
르토 카발리의 목욕 가방까지 모두 레오파드 프린트이다

예전에 오리아나 팔라치라는 여기자가 있었다. 이탈리아인인 그녀는 카스트로를

만날 때도 샤넬 수트를 입었던 최고의 스타일 아이콘이다. 머리를 길게 풀어헤치고 불가리의 아방가르드한 팔찌를 한 그녀가 즐겨 입었던 것은 바로 레오파드 프린트였다.

레오파드 프린트는 여자를 가장 섹시하게 만들어 준다. 어디에도 얽매이지 않고 초원을 달리는 표범처럼 그렇게 여자를 자유롭지만 아름답고, 열정적이지만 우아하게 만들어 주는 강렬한 카리스마를 가지고 있다. 표범의 얼굴을 생각해도 그렇다. 머리통이 유난히 작고 눈썹이 긴 표범은 맹수임에도 불구하고 우아하다. 그렇기 때문에 레오파드 프린트는 여성을 가장 아름답게 만들어 준다.

아마도 벽에 못도 박을 수 있을 것 같은 이 무시무시한 웨지힐을 고전적이면서도 섹시하게 만들어 준 것은 레오파드 프린트가 아닐까. 그렇기 때문에 나는 사랑할 때보다는 당당한 여자이고 싶을 때, 언제나 크리스티앙 루부탱의 레오파드 프린트 웨지힐을 신고 나간다.

# 89

# 크린웰

Clean Well

럭셔리 클리닝

대니얼 데이 루이스가 주연한 〈나의 아름다운 세탁소〉라는 영화가 있다. 영화 내용은 제목과는 달리 어둡기 그지없지만 어쨌거나 내게도 '나의 아름다운 세탁소'가 있다. 한국에도 이런 세탁소가 있나 할 정도로 아름답게 세탁해 주기 때문이다. 사실 처음 크린웰에 세탁을 맡길 때는 이름에 '럭셔리'란 단어를 붙였으니 다른 곳보다 조금 낫겠지 정도로 별반 큰 기대는 하지 않았다. 왜냐하면 항상 맡기던 세탁소 또한 명품 전문 세탁업체였으나 일반 세탁소에 비해 가격이 비싼 것 외에는 별반 차이를 못 느꼈기 때문이다.

더군다나 내가 너무나도 사랑하는 미우미우의 양털 코트가 세탁소에 다녀오면 언제나 기름 냄새에 찌들고 윤기도 사라졌다. 또한 비비안 웨스트우드의 면 원피스도 색이 바래져 오기 일쑤였다. 새것처럼은 아니어도 색상과 형태까지 달라져서 온다는 것은 문제가 되었다. 그러던 중 지금까지와는 다른 개념의 세탁을 하는 곳이 있다는 소문을 듣고 찾게 된 곳이 바로 크린웰이다.

크린웰은 우선 포장 방법과 로고부터 나를 감격시켰다. 세탁을 끝내고 돌아온 나의 옷들은 클래식한 로고가 들어간 비닐 폴리백과 쇼핑백에 담겨 왔는데, 그 모

CLEAN WELL
LUXURY CLEANING
515-8250
고 / 급 / 세 / 탁 / 전 / 문 / 점

양과 색상이 매우 고급스러웠다. 일반적인 세탁소의 경우 코트건 니트건 상관없이 철사 옷걸이에 걸려오는 데 비해, 크린웰은 두께감이 있는 플라스틱 옷걸이에 걸어 어깨가 봉긋하게 솟을 염려가 없다. 재킷이나 코트는 일반 비닐 폴리백이 아닌 부직포가 매치된 폴리백을 사용해서 안정감이 있다. 사실 옷을 사랑하는 사람들이라면 옷의 보관 방법에 매우 신경을 쓰게 된다. 때때로 세탁소에 보낸 옷이나 스카프가 변색되거나 문제가 생겨서 돌아올 경우 돈에 상관없이 자식이 다친 것처럼 마음이 쓰리다.

2007년에 문을 연 크린웰은 깨끗한 용제와 고급 약품, 첨단 장비를 통해 국내에서는 최초로 고급 명품 세탁전문점이라는 명성을 얻게 되었다. 미국에서 이십 년 이상 고급 세탁 경력을 쌓은 기술진이 운영하고 있는 이곳은 간판부터 예사롭지 않다. 하나를 보면 열을 안다고 파리의 거리에서나 볼 수 있는 고급스러운 간판부터 내부 시설까지 신뢰감이 드는 곳이다.

이곳의 최대 장점은 깨끗하고 질이 좋은 용제와 약품을 사용하기 때문에 일반 세탁소에서 나는 기름 냄새를 없앴고, 의류의 소재나 상태에 따라 단독 세탁까지 한다는 점이다. 특히 옷감 보호제, 균산제, 유성풀의 복합체인 물질을 보충해 주는 특수 첨가물을 사용하여 옷의 모양과 촉감을 마치 새 옷처럼 만들어 주기 때문에 옷의 형태가 보존되고 유연성이 좋아지는 것을 확실하게 느낄 수 있다. 이들의 서비스 또한 나를 기쁘게 하는 요소이다. 명품 브랜드에서나 볼 수 있는 고급 쇼핑백의 감동도 그러하지만 픽업과 배달 서비스가 마치 고급 호텔과도 같기 때문에 크린웰 럭셔리 클리닝을 '나의 아름다운 세탁소'라 부르고 싶은 것이다.

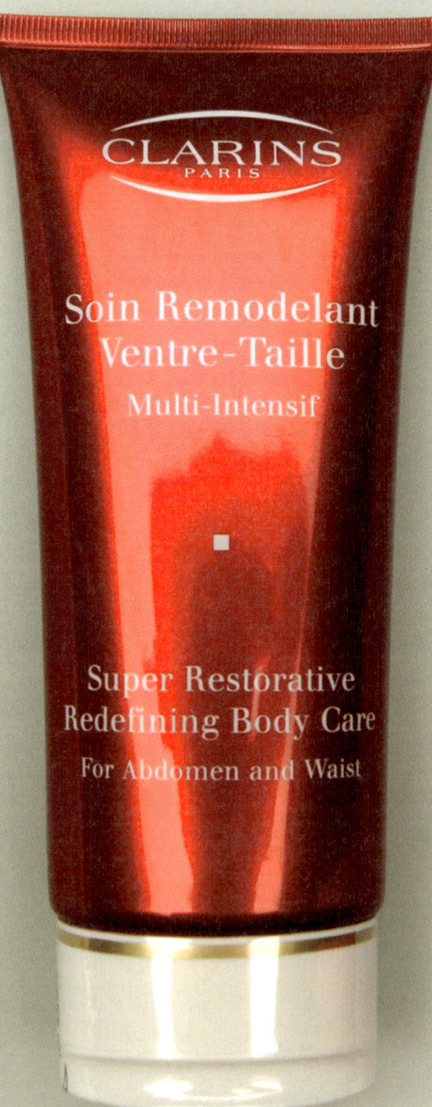

CLARINS
PARIS
Soin Remodelant
Ventre-Taille
Multi-Intensif
Super Restorative
Redefining Body Care
For Abdomen and Waist

# 클라란스

Clarins

토탈 바디 리프트

아주 매력적인 눈을 가진 그녀가 부러웠다. 붉은 립스틱을 바른 입술 또한 적당히 도톰하여 말 그대로 한 입 베어 물고 싶은 붉은 사과를 떠올리게 했다. 적당히 봉긋한 가슴에서 허리로 내려오는 선도 사막 언덕처럼 매끈하게 빠졌다. 참으로 부러웠다. 그녀의 아름다움이. 나의 시선을 의식해서였는지 아님 자신의 곡선미를 더욱 뽐내고 싶었는지 그녀는 천천히 몸을 돌렸다.

그런데 그 부분이 눈에 들어오고 말았다. 짧은 치마 밑으로 드러난 그녀의 허벅지에 올라온 셀룰라이트와 대동여지도의 굽이굽이 이어진 산맥들처럼 터진 살들. 곰보빵의 곰보들보다 심하게 올라온 그녀의 셀룰라이트를 보며 '운동이라도 좀 하든지 아님 슬리밍 젤이라도 바르지'라고 생각했다. 이름도 성도 모르는 그녀였지만 클라란스의 토탈 바디 리프트를 하나 사 주고 싶었다.

비욘세의 공연에 갔을 때 멀리서도 보이는 탄력 있는 다리는 마치 한 마리의 명마 같았다. 그런데 빛이 날 정도로 아름다운 비욘세의 허벅지는 사실 셀룰라이트가 많아 언제나 고탄력 스타킹의 도움을 받는다는 이야기를 들은 적이 있다. 그리고 그 스타킹 때문에 다리가 더욱 탄력적으로 보인다는 것이다.

그 말이 사실이건 아니건 탄력 있는 다리는 탐스러운 가슴보다 섹시하다. 제니퍼 로페즈의 엉덩이와 허벅지가 부담스럽다며 신디 크로포드가 비아냥거리기도 하지만 제니퍼 로페즈를 빛내 주는 것은 바로 엉덩이와 허벅지다. 최근 크게 유행하고 있는 스키니 팬츠를 입기 위해서도 탄력 있는 허벅지를 만드는 것은 중요한 일이다. 단추도 들어가지 못할 정도로 눈이 작고 평범한 얼굴을 하고 있어도 '꿀벅지'를 가지고 있으면 만사 오케이다.

"나 허벅지 살이 줄어든 것 같아." 축구 선수 안정환의 허벅지만큼 튼실한 허벅지를 가진 헤어 스타일리스트 김정한이 하는 말에 놀라 물었다. "어떻게??" 이번에는 허리에 손을 대보며 다시 말한다. "허리두 좀 준 것 같다. 나 클라란스 토탈 바디 리프트 열심히 바르고 있는데 정말 효과적인 것 같아"라며 조용히 말하는 것이다.

그의 성격에 대해 잠시 이야기하겠다. 대한민국 최고의 배우들은 대체적으로 김정한을 좋아한다. 이유는 웬만한 세계적인 헤어 스타일리스트들도 깜짝 놀랄 재능과 감각을 가졌기 때문도 있지만 그의 바윗돌처럼 무거운 입도 한몫한다. 배우들과 같이 일을 하다 보면 "임금님은 당나귀 귀"라고 대나무 밭에 외치는 우화 속 주인공처럼 입이 무거워야 하는데, 김정한이 그러하다.

한번 이야기가 들어가면 나오지 않는 그의 묵직한 입 때문에 사람들이 좋아하기도 하지만, 반대로 어떠한 표현도 하지 않아 답답해 죽을 지경이 될 때도 있다. 아무리 맛있는 음식을 먹어도, 재미있는 영화를 봐도, 항상 똑같은 표정에 말을 하지 않는 그가 토탈 바디 리프트에 대한 찬사를 늘어놓는다는 것은 김정일이 남북 정상 회담을 하겠다고 나서는 것처럼 보기 드문 일인 것이다. 그렇기 때문에 그가 좋다고 하는 것은 정말로 좋다는 확실한 신뢰감이 생긴다.

사실 이 제품에 대한 이야기는 주변에서도 많이 들었다. 어떤 여배우는 이 제품을 몸뿐 아닌 얼굴에까지 바른다. "죽기야 하겠어? 왠지 더 강력하게 얼굴 리프팅이 될 것 같아서 말이지.” 그녀의 말에 아연실색했지만 설득력은 있어 보인다. 어쨌거나 주변의 놀라운 효험을 목격하면서 나도 구입하여 발라 보았다.

사실 나는 게으름뱅이다. 이것저것 열심히 챙겨 먹기도 하고 발라 보기도 하지만 처음 며칠 정도만 반짝할 뿐 지속적이진 않다. 그런 이유로 이 ‘신비의 크림’을 매일같이 바르진 못하지만 그래도 며칠에 한 번 생각날 때마다 열심히 바르려고 노력한다. 그래서인지 다른 이들처럼 사이즈가 1인치 이상 줄지는 않았지만 피부 표면이 매끄러워지는 것은 확실하게 느낄 수 있었다. 특히 잊고 싶은 옛 남자의 기억만큼 떼어버리고 싶은 엉덩이와 허벅지에 있는 셀룰라이트는 분명 정리된다.

내가 확실하게 효과를 본 아름다운 다리 만들기 방법은 적당한 유산소 운동과 필라테스와 함께 꾸준히 슬리밍 제품을 발라 주는 것이다. 주의할 것은 30일 동안 열심히 바르면 허벅지 둘레가 3센티미터 이상 줄어든다는 전설적인 슬리밍 제품이 아무리 좋아도 기능성 위주이기 때문에 보습 로션도 항상 같이 챙겨 발라 주어야 한다는 것이다. 젊었을 때는 모른다. 그러나 꾸준히 발라 준 슬리밍 제품의 효과는 나이가 들면서 확실히 얻을 수 있게 된다. 그러니 나이가 한 살이라도 어릴 때부터 슬리밍 제품을 꾸준히 발라 준다면 뒤늦게 연애를 시작해도 당당하게 할 수 있을 것이다.

Kiehl's
SINCE 1851
SUPERBLY
RESTORATIVE
DRY OIL
with Fairly-Traded Argan Oil
Multi-Purpose, Emollient Formula for
Improved Skin Suppleness and Hair Sheen
Our multi-purpose, restorative dry oil for the face, body, and hair utilizes Moroccan Argan Oil and naturally-derived emollients, enriched with antioxidants and essential fatty acids. This formulation helps to smooth skin and hair while providing a healthy-looking, radiant sheen. Applied to skin, our instantly-absorbent dry oil leaves a silky feel and helps improve its appearance and texture. Used on hair, this uniquely versatile formula helps to smooth split-ends and helps restore the appearance of damaged hair.
4.2 fl. oz. - 125 ml

# 키엘

Kiehl's

바디오일

내 인생 살아오면서 후회스러운 일도 많고 아쉬운 일도 많지만 이것 하나만큼은 잘했다 싶은 것이 바로 피부 관리이다. 그렇다고 유명 피부관리실에 가서 몇백만 원을 호가하는 스킨케어를 받은 것은 아니다. 사실 전문적인 스킨케어도 경제적으로 안정이 되고 난 후의 일로, 내가 피부를 위해 했던 것은 그저 샤워하고 난 후 바디오일과 바디로션을 매일같이 거르지 않고 꾸준히 발라 주었던 것뿐이다. 그래서인지 쉽게 찌고 빠지는 신체적 결함(?)을 가지고 있어도 살이 트거나 심하게 셀룰라이트가 올라오지 않았다.

1990년대 중반, 뉴욕에 처음 갔을 때 이스트 빌리지에 있는 귀여운 약국을 발견했는데 그곳이 바로 키엘 매장이었다. 나중에 그것이 유명 브랜드라는 것을 알았지만 처음에는 약국치고 너무나도 사랑스럽고 감각적인 데다가 샘플도 잔뜩 주는 점원들의 친절함에 반해버렸다. 그렇게 해서 키엘의 바디오일과 바디 보습 로션을 사용하기 시작했다.

대체적으로 타 브랜드 제품은 아로마 향이 진한 데 비해 키엘의 바디오일은 향이 나지 않는다. 물론 아로마 향이 마음을 진정시켜 주는 효과가 있지만 모두 그렇지는 않다. "아로마를 한두 번 사용하는 것은 좋지만 너무 오랫동안 사용하게 되면 오히려 독이 되지요." 전문 스킨케어숍 뷰티피아 원장 이경희의 말처럼 아로마는 일주일에 두세 번 정도 사용하는 것이 가장 효과적이기 때문에 무향, 무취의 키엘 바디오일은 매일 쓰기에 적당하다.

또한 키엘의 용기는 신뢰감을 준다. 무슨 약통처럼 생긴 것이 기존의 화장품 패키지와는 전혀 다른 느낌이다. 투명한 통에 세련된 타이포그래피만이 제품의 특성을 설명한다. 제품에 자신이 있다는 이야기다. 오랫동안 나는 바디 마사지 오일을 즐겨 사용했는데 최근에는 울트라 보습 효과까지 얻을 수 있는 수퍼블리 레스토라티브 드라이 오일을 사용한다. 정말 그 이름만으로도 강력한 수퍼 파워를 느끼게 되는 바디오일이다. 키엘의 제품은 꽤 오랫동안 페이스 제품보다는 바디 제품을 애용해 왔다.

바디오일 외에도 내가 사랑하는 또 다른 제품은 바로 프렌치 로즈 워터다. 장밋빛이나 장미 모양의 손거울, 장미꽃무늬의 속옷, 장미 향수 등 장미를 매우 좋아하는 내가 키엘의 프렌치 로즈를 사용하는 순간 나는 장미 꽃잎이 가득한 물 속으로 텀벙 뛰어드는 것만 같다.

# 테이트 모던
Tate Modern

미술관

런던에 가면 내가 꼭 하는 일들이 있다. 아무리 짧은 일정이라도 꼭 하는 그 일 중에 하나가 바로 테이트 모던에 가는 것이다. 날씨 좋은 날 서더크 역에서 내리면 벌써 감각적인 오렌지 색 가로등이 길을 따라 즐비하게 서 있다. 화살표와 함께 테이트 모던이라고 쓰여진 이 가로등은 마치 헨젤과 그레텔이 떨어뜨린 빵조각처럼 나를 안내해준다. 그렇게 길을 따라 걸어가면 달리의 초현실적인 그림에 나올 것 같은 굴뚝이 보이기 시작한다.

테이트 모던 미술관은 런던 템스 강변 남쪽, 사우스뱅크에 위치한 화력 발전소 건물을 2000년에 미술관으로 개조한 곳이다. 거대한 굴뚝이 인상적인 이곳은 뉴욕에 있는 모마(MoMA)와 함께 많은 이들의 사랑을 받는 현대 미술관 중의 하나로, 설탕 제조 회사인 테이트 앤드 라이 제당회사의 헨리 테이트에 의해 만들어졌다. 제당회사가 미술관을 차린다는 것도 기특해 죽겠는데, 화력 발전소 건물을 이용한 것에 감동하여 처음에는 기립 박수를 열 시간 정도 쳐 줄 뻔했다.

사실 런던에는 오래된 공장 건물이 몇 군데 있는데 그 디자인이 하도 우수하여 런던 시민들이 많은 애정을 가지고 있어 함부로 없애지 못한다는 이야기를 들은

적이 있다. 국보 1호인 남대문 하나 제대로 관리 못하는 국내 현실을 생각하면 참으로 부럽기도 하고 씁쓸하기도 한 일이지만 어쨌거나 작품 컬렉션 또한 굉장히 세련되어 매번 나에게 많은 영감을 주는 곳이다.

우선 들어가는 입구부터 남다르다. 조형적인 건축물에서 생기는 빛과 그림자가 말 그대로 예술적이기 때문이다. 1층에다 짐을 맡겨두고 올라가면 3, 4층에는 르네 마그리트, 달리, 피카소는 물론 마크 샤갈, 잭슨 폴락, 마크 로스코 등의 그림과 '대지 미술가'로 유명한 로버트 스미슨의 사진, 그리고 흔히 만날 수 없는 아티스트들의 조각, 설치 미술 등이 전시되어 있다. 4층은 특별 기획 전시전이 열리는데 나는 이곳에서 아주 특별한 전시를 본 적이 있다. 그것은 바로 프리다 칼로의 전시회다.

실제로 본 그녀의 그림은 영화나 책 속에서 보았던 것과 달랐다. 정교하게 그려진 멕시코 전통 의상, 머리에 장식한 화려한 꽃, 겹겹으로 낀 팔찌들이 원색적인 배경과 함께 어우러져 아름답게 느껴졌다. 그림이 그려진 시기에 따라 방을 나누었고, 각 벽에는 프리다 칼로의 생각들이 적혀 있었는데 보는 내내 가슴이 저려왔다. 난 영화 속에서 프리다 칼로의 어머니가 그녀와 디에고의 결혼을 한탄하며 내뱉은 말을 이해할 수 있었다. "코끼리와 비둘기의 결혼 같군요."

가슴 뛰는 그림을 본 후 전시회장을 나와 휴게소에 들어간 순간 난 내 눈을 믿을 수 없었다. 보통 전시회장에 가면 전시와 관련된 포스터, 엽서, 책 들을 판매하는데, 이곳에서는 그녀가 했던 것과 비슷한 종류의 액세서리, 의류, 책과 멕시코에 관련된 음악까지 판매하고 있지 않은가. 상아 목걸이, 멕시코 스타일의 은세공 귀걸이, 그녀의 머리에서 볼 수 있는 작약꽃 모양의 화려한 머리핀은 물론 알록달록 원색의 가방과 심지어 그녀의 의상을 그린 종이 인형 놀이까지.

자칫 지루하게 느낄 수 있는 예술 작품에 더욱 많은 사람들과 청소년들이 관심을 가질 수 있을 것이 분명했다. 그렇게 자신도 모르는 사이에 프리다 칼로의 색상을 익힐 것이고, 머나먼 멕시코 문화를 접하게 될 것이다. 언제나 예술을 멀게 생각하는 대중을 위해 다양한 상품과 기획을 제시하는 이들이 부럽기까지 했다. 산업혁명의 후손들답게 가방부터 수첩, 심지어 아이들 장난감에 이르기까지 독특하고 기발한 상품들로 가득한 기프트 숍 또한 테이트 모던의 즐거움이다.

내가 테이트 모던에 가면 하는 일의 순서가 있다. 우선 메리디스 프램튼의 그림 앞에서 잠시 감상을 한 후 4층 특별 전시회를 보고 2층에 있는 카페에 내려와 새우가 숭숭 든 샌드위치와 카페라테를 사서 테라스에 가 앉는다. 테라스 앞에는 밀레니엄 브리지와 템즈 강이 보이는데 날씨가 변덕스러운 런던의 하늘은 그야말로 드라마틱하다. 이 때 아이팟에서 흐르는 음악은 언제나 라흐마니노프 3번이나 카스타 디바이다. 이때만큼은 세포 깊숙이 전달된 감동으로 세상 부러울 것이 없다. 그리고 3, 4층 상설 전시장을 둘러본 후 오후 늦게 7층에 있는 레스토랑에 가서 스콘 세트를 먹으며 런던의 하늘을 만끽하며 하루를 마무리한다.

# 93

# 토리 버치
Tory Burch

리바 슈즈

참 고급스러웠다. "나 럭쩌리하죠~"라고 당당하게 말을 건네는 것 같았다. 바니스 뉴욕에서 만난 토리 버치의 플랫슈즈는 그렇게 나를 압도했었다. 국내에는 토리 버치라는 브랜드에 대한 정보조차도 없었을 무렵 처음 만났다. 워낙에 플랫슈즈를 좋아하기 때문에 몇 번 구입해서 신어 봐도 내 마음에 쏙 드는 것을 발견하기 힘들었다. 레페토의 플랫슈즈는 보기에는 예쁘나 앞코가 낮고 좁아 발을 불편하게 만들었고, 그렇다고 발을 편하게 만들어 주는 다른 플랫슈즈들은 어딘가 모양이 자신 없이 주눅들어 있었다.

그런데 토리 버치의 플랫슈즈는 달랐다. 진열대 위에 디스플레이된 레오파드 프린트의 플랫슈즈는 그야말로 예쁘고 도도하고 사랑스러웠다. 더군다나 앞머리에 장식된 커다란 금장식이 사람을 압도했다. 그렇게 해서 구입하게 된 토리 버치의 레오파드 플랫슈즈는 나의 단짝 친구가 되었다. 토리 버치 어머니의 이름에서 딴 '리바 슈즈'는 이제 토리 버치의 대표 아이템이 된 플랫슈즈이다. 자신의 어머니가 즐겨 신던 신발에서 영감을 받아 만들어서인지 클래식하면서도 여성스러운 것이 재클린 케네디가 그리스 해변에서 신었을 것 같은 그런 고급스러움이 느껴

진다.

그런 이유로 정말 시도 때도 없이 이 레오파드 프린트의 리바 슈즈를 즐겨 신게 되었다. 꼼데가르송의 검정색 셔츠와 조셉의 라이딩 팬츠를 입을 때, 클로에의 검정색 민소매 원피스를 입을 때나 하얀색 티셔츠에 스키니진을 입을 때도, 나는 언제나 레오파드 프린트의 토리 버치 플랫슈즈를 즐겨 신게 되었다. 다른 플랫슈즈와는 달리 앞코가 많이 동그랗고 고무줄 처리가 되어 있어 착용감이 편하고, T자 로고가 들어간 금장식이 매우 화려하면서 클래식하다. 이후 나는 골드 색상과 브라운 색상의 플랫 슈즈를 구입하여 즐겨 신었지만 역시 레오파드 프린트의 카리스마는 넘어서질 못한다.

〈하퍼스 바자〉를 거쳐 랄프 로렌, 베라 왕 등의 브랜드에서 홍보를 하던 토리 버치는 2004년 자신의 이름을 내건 브랜드를 론칭한 후 미국의 상류사회를 가장 잘 표현한 브랜드로 화제를 모았다. 심플하면서도 직선적인 실루엣과 화려한 금 단추 장식, 마린 룩과 레오파드 프린트는 재키를 연상시키는 젯셋 스타일을 연출하기에 충분하다.

# 투토베네(萬事快調)

Tutto Bene

이탈리안 레스토랑


세상에 수많은 멋진 레스토랑과 세련된 카페가 있다고 하더라도 난 투토베네를 너무나도 사랑한다. 복잡한 서울 한복판에서 페데리코 펠리니의 영화 속에서나 나올 법한 환상적인 유러피안 레스토랑을 즐길 수 있다는 사실은 꿈같은 일이기 때문이다. 머나먼 이탈리아의 토스카나 지방에 가지 않아도, 밀라노에 있는 비아 몬테 나폴레오네에 굳이 가지 않아도, '멋'과 '맛'과 '낭만'을 즐길 수 있다. 투토베네는 마치 4차원 세계 속의 다른 시간과 공간처럼 느껴진다. 담쟁이넝쿨 속에 숨어 있는 작고 귀여운 문을 통과하면 〈8 1/2〉의 마르첼로 마스트로얀니가 여자들과 어우러져 춤을 추고 있을 것만 같다.

메뉴에 이태리 요리 전문점(伊太利 料理 專門店)이라고 쓰여진 것처럼 이탈리아 남부 지방의 음식을 주로 하는 투토베네는 우선 들어가는 입구부터 내 마음에 쏙 든다. 좁은 골목 안으로 들어서면 꽃과 화분, 넝쿨이 잔뜩 늘어져 있는 건물에 작은 계단과 문짝이 달려 있는데, 그 모양이 마치 미야자키 하야오 감독의 애니메이션 〈하울의 움직이는 성〉의 입구와도 같다. 정말로 정신을 놓고 가다가는 몇 번을 지나가도 찾을 수 없을 정도로 은밀한 입구이다.

그런데 나는 그 은밀함이 좋다. "아는 사람만 오시오" 혹은 "나를 진정으로 원하는 사람만 찾아 오시오"라고 조용히 말하는 하울처럼 도도하고 당당하게 느껴지기 때문이다. 심지어 넝쿨 속에 늘어진 간판에는 투토베네라는 이름보다 '만사쾌조(萬事快調)'라는 한자가 두드러지게 보여 사람들은 더 찾지 못하고 지나치기도 한다. "때때로 손님들이 화를 내시기도 해요. 입구도 작은데 한자로 된 간판 때문에 그냥 지나쳐 버렸다며 이름을 바꾸라고." 투토베네의 사장 서현민이 난감해하며 말한다.

투토베네를 사랑하는 이들에게 있어서 '만사쾌조'는 더없이 사랑스러운 이름이다. 'Evrything's fine'이라는 의미로 이탈리아인들이 시도 때도 없이 쓰는 말이자 장뤽 고다르의 영화 〈만사쾌조〉의 이탈리아 제목이 바로 '투토베네(Tuto Bene)'다. 이 한자 이름에서는 왕가위 감독이 그리는 1950~1960년대의 노스탤지어가 느껴지는데, 상상력이 부족한 사람들은 왜 이탈리안 레스토랑에서 한자를 쓰는지 이해가 가지 않는 모양이다. 4차원으로 통하는 작은 입구에 들어서면 그 안은 정말로 별천지와도 같다. 오리엔탈 특급 열차와도 같이 길게 늘어진 복도에는 마치 누군가의 서재처럼 많은 책들이 꽂혀 있고, 장식장 사이사이에는 오래된 앤티크 소품이나 사진들이 곳곳에 숨어 있다. 또한 벽에는 아름다운 고양이의 초상화가 걸려 있어 묘한 공간감을 주는데, 보는 즐거움으로 흥분되어 들떠 있을 때 음식이 은쟁반에 실려 나온다.

이곳에서의 진한 감동은 여기서부터 시작된다. '신선하다', '맛있다'의 차원을 떠나 우리나라 각 산지의 재료를 그대로 사용한다는 점부터가 주인의 고집스러움이 느껴져 고분고분 주는 대로 먹게 된다. 통영산 굴은 레몬즙만 쭉 짜서 한 입 후루룩 들이마셔도 달짝지근하고, 동해산 피문어와 강원도 찰옥수수찜을 곁들인 칼라마리 참숯구이는 구수하면서도 담백한 맛이 일품이다. 공주산 꿀밤 맛탕을 곁들인 영계 엉치살 참숯구이는 달콤하면서도 깊이 있는 맛이 별미이다.

내가 이곳에서 특히 좋아하는 것은 추자도 멸치로 만든 앤초비다. 일반적으로 맛보는 수입산 앤초비와는 차원이 다른, 너무 짜지 않게 간이 밴 통통하면서도 투명할 정도로 싱싱한 멸치 앤초비는 이곳의 별미인 곡물 하드롤 빵과 같이 먹어야 제 맛이고, 여기에 입가심으로 와인 한 잔을 마시면 감격으로 솟구치는 눈물을 참을 수 없게 된다.

이곳은 음악도 아무거나 틀지 않는다. 서현민 사장이 직접 디제이로 변신하여 자신이 선별한 음악을 트는 가운데 먹고 마시고 즐기다 보면 어느새 자정을 훌쩍 넘기게 된다. 사이사이 드리워진 커튼과 달빛처럼 조용한 램프 불빛 아래서 사람들은 더욱더 친밀감을 느끼며 속 이야기까지 주고받는다. 그렇게 맛있는 음식과 멋있는 음악 속에 밤이 깊어 가는 줄 모르며 즐거워하니 그게 바로 '만사쾌조' 아니겠는가.

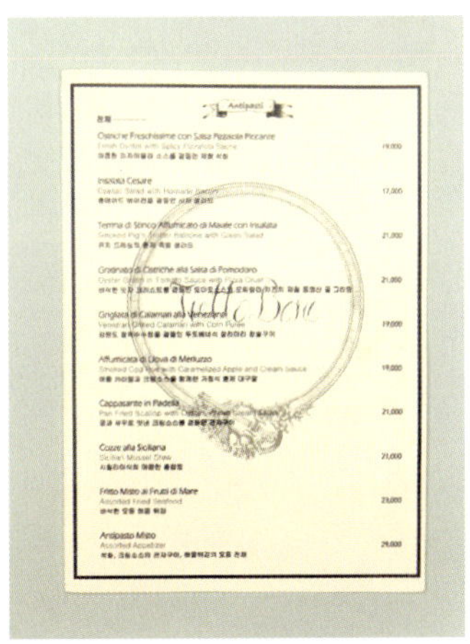

Tivoli Audio
MODEL ONE
FM AM
OFF
AUX
1700
1400
1200
1000
800
700
600
550
88
90
92
94
96
98
100
102
104
106
108

# 95

# 티볼리 오디오

Tivoli Audio

테이블 라디오

"얼릉 말해. 대신 한 번 사용하고 싫증낼 것이 아닌, 항상 즐겨 쓸 수 있는 것으로다." 생일 선물로 옷을 해 달라고 하는 내게 메이크업 아티스트 손대식은 정말로 내가 즐겨 사용할 수 있는 것을 말하라고 했고, 고심하던 끝에 평소 너무나도 갖고 싶었던 티볼리 오디오의 테이블 라디오를 말했다. 일할 때 음악을 즐겨 듣긴 하지만 그렇다고 거창하게 전문적인 오디오와 스피커 시스템을 갖춰 놓을 정도는 아니다. 아이팟 스피커로도 만족하며 음악을 즐기지만 때때로 CD나 라디오에서 흘러 나오는 음악을 듣고 싶을 때가 생긴다. 작은 음질에까지도 신경을 곤두세울 정도는 아니지만 그래도 음질을 무시할 수는 없다. 디자인도 아이팟처럼 감각적이면 좋겠다. 더군다나 나는 사람이건 기계건 거창하고 거들먹거리며 눈에 튀는 것은 질색이기 때문에 무엇인가 겸손하면서도 내공이 있는 것을 원했다. 그런 나를 위해 아마도 티볼리 오디오 라디오가 존재하는 듯하다. 처음 티볼리를 보는 순간 나는 환호성을 지르고 싶었다. 작은 것이 어찌나 견고하면서도 신통하게 생겼는지 사람 같으면 "너 아주 똘똘하게 생겼구나"라고 머리라도 쓰다듬어 주고 싶었다.

티볼리 오디오의 라디오는 극도의 단순함과 이소재(메탈과 나무)의 결합을 이용하여 미니멀하면서도 클래식하고, 세련되면서도 자연스러운 디자인을 보여 주고 있다. 그 견고하고 아름다운 겉모습과 마찬가지로 내용물도 차돌 같이 똘똘하다. 오디오 계의 전설적인 디자이너인 헨리 크로스가 40여 년에 걸쳐 개발한 제품으로, 명품 라디오라 불리는 것은 튜너와 앰프와 스피커가 폭 12.7센티미터, 높이 10.2센티미터의 상자 안에 모두 내장되었기 때문이다. 더군다나 FM 튜너에 들어 있는 비소화갈륨 금속 페트(FET, 오디오 트랜지스터의 한 종류)가 난청 지역에서도 신호를 거뜬히 잡아내기 때문에 어디서건 맑은 음색을 들을 수 있는 최상의 명품이다.

티볼리를 보고 있노라면 화이트 셔츠에 치노 바지를 깔끔하게 입고 처치의 가죽 로퍼를 신은 조용하고 잘생긴 젊은 청년 같다. 그런데 알고 보니 옥스퍼드 대학교 출신의 수재면서도 굉장히 겸손하고 예절 바른 청년이라는 식의 상상을 하며 웃곤 한다. 이 작고 아름다운 오디오 라디오 티볼리는 나의 서재에 있는 에스니 크래프트의 원목 가구 위에 아주 착하고 예쁘게 자리 잡고 있다.

# 96

# 패스트 타임즈
## Past Times

크리스마스 카드

어렸을 때 동화책을 읽는 것이 너무나도 좋았다. 세상에 존재하지 않는 신기한 세상을 상상하고 아름다운 그림을 따라 그리며 동화 속 많은 친구들을 사귀는 재미에 빠져 있었다. 그런데 어느 날 사촌 언니가 아주 묘한 동화책을 가지고 있는 것을 보았다. 그림들이 그림 속에 있지 않고 일어나서 움직이는 것을 보고 난 호기심에 입을 다물 수도 없었다. 그러나 사촌 언니는 아버지에게 선물 받았다며 그 아름다운 입체 그림 동화책을 자랑만 했지 보물처럼 소중하게 껴안고 보여 주질 않았다. 나는 모든 주인공들이 살아 움직일 것 같은 그 동화책이 한 번이라도 보고 싶어 병이 날 것 같았다. 그 후유증인 것 같다. 입체적으로 움직이는 그림만 보면 아직도 가슴이 콩닥콩닥 뛰며 좋아하는 것을 보니.

나는 패스트 타임즈를 참으로 좋아한다. 패스트 타임즈는 영국의 앤티크 상품점 체인으로 중세 시대, 엘리자베스 여왕 시대, 조지 왕조 시대, 빅토리아 시대의 앤티크 풍으로 만든 여러 물건을 판매하는 곳이다. 손뜨개 컵받침부터, 손으로 그린 장미꽃 프린트 컵과 주전자, 제인 에어가 입었을 것 같은 하얀 레이스가 달린 면 잠옷, 제인 오스틴의 소설과 DVD 등을 주로 판매한다.

전화기로 지구 저 건너편에서 일어나는 일을 볼 수 있고, 달나라 여행을 계획하는 이 시대에, 패스트 타임즈는 너무 과거 지향적이고 진부할지 모른다. 그러나 손그림과 수작업으로 만들어진 공예품과 의상, 아름다운 사랑이 담겨 있는 빅토리아 스타일의 영화나 음악은 아련한 옛 추억처럼 각박한 삶 속에서 나를 따뜻하게 만들어 준다. 그러나 내가 런던에 가면 이곳에 꼭 들르게 되는 이유는 사실 크리스마스 카드 때문이다. 초등학생 글씨체임에도 불구하고 십 년째 크리스마스가 되면 백여 명의 사람들에게 카드를 직접 써서 보내고 있는 나는 한꺼번에 크리스마스 카드를 구입하지 않고 조금씩 사서 모으곤 한다. 우선 마음에 드는 카드를 손쉽게 발견하기도 어렵거니와 한꺼번에 구입하는 것보다 경제적이기 때문이다.

특히 이곳에 가면 20세트로 된 카드 박스를 판매하는데 모양도 예쁜 데다 가격도 적당하다. 그중에서 내가 가장 사랑하는 카드는 바로 그림이 입체적으로 변하는 크리스마스 카드인데, 이것은 너무나도 사랑스러워 보고 또 봐도 질리지가 않는다. 이 정감 가고 어여쁜 크리스마스 카드에 엉성한 나의 글씨가 들어가면 조금 웃기지만, 어쨌거나 일 년 동안의 고마움과 내년 한 해의 축복을 기도하는 마음을 담아 내가 가장 소중하게 생각하는 사람들에게만 보내는 스페셜 카드이다. 나의 마음을 담아, 사랑을 담아 언제나 나는 카드를 적는다. "새해에는 모든 소망이 이루어지길 간절히 기도하겠습니다"라고.

THE SKINNY POLO
RALPH LAUREN  S

# 97

# 폴로 랄프 로렌

Polo Ralph Lauren

폴로셔츠

참 그게 말이다, 똑같다고 생각하면 절대로 안 된다. 라코스테의 피케셔츠와 폴로 랄프 로렌의 폴로셔츠는 모양은 비슷할지 모르지만 절대로 그 의미와 스타일이 다르다. 누가 들으면 도토리 키재기라 말할 수 있겠지만 나에게 있어 '악어'와 '폴로 선수'는 엄연히 다른 이야기이다. 라코스테는 조금 더 에지 있게 스포티하고, 폴로 랄프 로렌은 클래식하면서 지적이기 때문이다. 어느 아침은 똑같은 피케셔츠를 앞에 두고 고민하기도 한다. 물론 두 가지 다 똑같은 화이트 색상이지만 가슴에는 커다랗게 변형된 스페셜 에디션 라인의 악어와 폴로 선수가 수놓아진 것이다. 그날 나는 프라다 스포츠의 네이비 색 팬츠에 로저 비비에의 핑크색 구두를 신을 계획을 세우고 있었다. 결국 나는 왼쪽 가슴에 폴로 선수가 하늘색으로 수 놓인 폴로셔츠를 선택했다. 여기에 샤넬의 심플하고 클래식한 베이지 색 백과 미키모토의 진주 목걸이를 매치하고. 폴로셔츠를 선택한 이유는 바로 클래식한 분위기를 연출하기 위해서였다. 나에게 있어 악어와 폴로 선수는 커다란 차이가 있기에 입을 때마다 매번 고심하며 그들에게 맞는 스타일을 결정한다.

PURE FIJI
coconut milk and honey
sugar rub

# 98

# 퓨어피지

Pure Fiji

코코넛 슈가럽

바르는 순간 내 눈앞에는 남태평양의 푸른 하늘과 에메랄드 빛 바다가 넓게 펼쳐 졌다. 깊고 부드러운 향이 내 콧속 깊숙이 들어와 고대의 아름다움을 남겨 주었 다. 몸에 바르는 순간 코코넛 버터는 피부에 촉촉이 스며들고, 프렌지패니와 스타 프루트, 파인애플과 화이트 진저릴리의 향이 온몸으로 전해져 나른한 열대의 기 운으로 나를 부드럽게 감싸 안는다. 정말 이것이야말로 천국의 느낌이라 할 수 있 겠다.

좀 우습지만 몰디브에 갔을 때 나는 퓨어피지 제품을 처음 사용하게 되었다. 피 지 섬은 아니었지만 그래도 열대의 기운을 느끼고 싶어 선물로 받은 코코넛 슈 가럽과 바디오일, 그리고 바디로션을 챙겨 간 것이다. 샤워할 때 아무 생각 없이 코코넛 슈가럽을 몸에 바르는데 느낌이 기존의 다른 슈가럽과 달랐다. 지금까지 사용했던 것은 오일이 몸에 남아 끈적거리고 설탕이 몸에 남아 잘 녹지 않았는데 비해, 퓨어피지의 슈가럽은 설탕은 금세 녹아 버리지만 오일은 촉촉하게 피부에 스며들고 잔향만이 남았다. 그런데 그 향이란 것이 나를 훌쩍 들어 올려 몰디브 섬에서 피지 섬으로 데려가 주는 것만 같았다. 더군다나 잠을 자는 동안에도 계속해서 부드럽게 풍겨 나오는 각종 열대 식물의 잔향으로 정말 기분이 좋았다. 사실 나는 굉장한 건성 피부다. 그래서 샤워 후에는 항상 오일을 사용하는데, 피부에 오일을 바르는 즉시 목말랐다는 듯이 쑥쑥 마셔 버려 금세 건조해진다. 그렇기 때문에 항상 오일과 로션을 듬뿍 바르지만, 웬만한 제품으로는 소용이 없어 제품을 선택하는 데 늘 신중하다. 그런 내게 퓨어피지의 코코넛 슈가럽은 대만족이었다. 그냥 오일리한 것이 아니라 피부를 생기 있고 촉촉하게 해 준다. 여기에 너리싱 엑조틱 오일을 바르면 피부가 완벽하게 정리된다. 여름에는 조금 더 촉촉하고 가벼운 하이드레이팅 바디로션을 사용하고, 겨울에는 굉장히 건조해지기 때문에 바디 버터를 사용한다.

퓨어피지의 CEO 게이탄 오스틴은 일곱 명의 자녀를 양육하면서 부엌에서 핸드메이드 비누 생산을 시작했고, 피지의 천연 자원을 이용한 퓨어피지를 론칭하게 되었다. 퓨어피지는 냉각 압착 버진 코코넛 오일과 피지의 원주민들이 고대 전통 기술로 만들어 낸 천연 식물 추출물을 사용하는데, 미국의 〈타임〉지가 최고의 천연 바디 브랜드로 소개하기도 했다.

퓨어피지 슈가럽은 자르면 별 모양이 되는 사랑스러운 스타프루트, 자스민과 시트러스 향을 머금은 프렌지패니, 스트레스와 불면 치료용으로 사용되는 허브 패션플라워, 그리고 남태평양의 이국적인 백합인 화이트 진저릴리, 코코넛, 파인애플, 망고 등을 숙성시켜 사용하여 각각의 향이 촉촉하게 살아 숨쉰다. 퓨어피지의 코코넛 버터는 냄새를 맡는 순간 한입 베어 물고 싶은 신선함이 그대로 녹아 있어 언제나 나를 상쾌하게 만든다.

# 99

# 프라다
Prada

드레스

'겨울의 여신', '얼음나라 공주' 등 세상의 차갑고도 차가운 별명은 모두 가지고 있는 미국판 〈보그〉 편집장이자, 〈악마는 프라다를 입는다〉의 모델이자, 다큐멘터리 〈셉템버 이슈〉의 주인공 안나 윈투어가 가장 즐겨 입는 의상은 바로 프라다 드레스다. 그렇게 냉혹할 정도로 차가운 여인이 카린 로이펠트(프랑스판 〈보그〉 편집장으로 아방가르드하고 섹시하며 에지 있는 의상을 즐겨 입는다)처럼 날이 선 스타일을 연출했다면 이 세상 모든 패션 피플들은 아마 얼어 죽었을 것이다. 그나마 그녀의 그 차고 매서운 얼굴이 여성스럽고 지적으로 보일 수 있는 것은 아마도 프라다의 드레스 덕분일 것이다.

미우치아 프라다는 여자를 당당하고 지적이며 우아하게 만드는 디자이너이다. 남자들이 만드는 여성복과 달리 섹시함보다는 지성을, 아름다움보다는 우아함을 강조하는 것이 바로 미우치아 프라다의 장점이다. 언제나 수줍게 런웨이에 나와 인사하지만, 그녀는 대단한 예술적 감성을 지닌 사람이다. 그녀가 만드는 프라다는 언제나 절제되어 있고, 세련되면서도 우아하고, 부드럽지만 당당하다. 여기에 예술적인 감각이 더해져, 독립적이면서도 고급스러움을 좋아하는 여자들이 좋아

PRADA
MADE IN ITALY    40

한다.

안나 윈투어도 그런 까닭에 프라다를 즐겨 입는지 모르겠다. 사실 내가 프라다 드레스를 좋아하는 이유는 그 당당함과 함께 스며 있는 담백한 우아함 때문이다. 몸을 조형적으로 만들어 주면서도 권위적이지 않도록 비즈나 크리스털, 리본과 꽃 장식이 포인트로 들어가 조화롭다. 또한 몸을 드러내지 않으면서도 아름답게 라인을 살리는 피트감 때문에 담백한 섹시함을 즐길 수 있다.

대체적으로 프라다 드레스의 소재로는 너무 여성스럽거나 섹시하지 않은 조젯이나 면, 실크 타프타 등이 사용된다. 그래서 더욱 조형적이고 클래식한 이미지를 연출하기 좋다. 나는 어깨에 아름답게 비즈가 수놓인 화이트 코튼 드레스, 눈이 부시도록 아름다운 형광 그린의 드레스, 멋진 프린트의 칠부 소매 드레스 등이 있다.

내가 특히 사랑하는 것은 어깨에 리본 장식이 커다랗게 달린 짙은 초록색 조젯 드레스로, 아름다운 추억을 만들어 주어 더욱 특별하게 느껴진다. 사실 나의 모든 프라다 드레스에는 다른 옷들에 비해 유난히 많은 추억들이 깃들어 있다. 우연하게도 사랑에 빠질 때마다 프라다 드레스를 입어서 그런 것일까. 아름다운 나의 프라다 드레스는 그 추억만큼 소중하게 느껴진다.

C.C
California
S    By Chapman & Clare

# 100

# C&C 캘리포니아

C&C California

슬립 톱

〈섹스 앤 더 시티〉에서 사라 제시카 파커가 종종 슬립 톱을 예쁘게 브래지어와 매치해서 입을 때가 있다. 원더브라의 끈과 슬립 톱의 끈이 아주 건강하고 신선하게 보여 나는 그녀가 무엇을 입고 있는지 궁금해지기 시작했다. 그래서 알게 된 것이 C&C 캘리포니아다. 바니스 뉴욕에서 처음 발견한 C&C 캘리포니아는 엔도르핀 같은 브랜드이다. 핫 핑크, 새먼 핑크, 오렌지, 옐로우, 퍼플, 블루, 민트 그린 등 롤리팝 캔디가 연상되는 달콤하고 맛있는 색상들로 가득하기 때문이다. 일반적으로 캐주얼한 브랜드의 슬립 톱은 골지이거나 두께감이 있는 면 소재여서 레이어링하기에 둔탁하거나 고급스러운 감이 없었다. 그러나 C&C 캘리포니아의 면 소재는 매끄럽고 얇은 데다 광택감이 있어 고급스럽고, 피트감이 좋아 매우 섹시하면서도 건강한 스타일을 만들어 준다. 썬키스트 오렌지가 생각나는 캘리포니아 걸들이 입고 다니기에 딱 알맞은 발랄함과 고급스러움이 함께 있다. 사탕처럼 발랄한 색상으로 인해 레이어링하면 정말로 귀여운데, 여름에 얇은 카디건이나 티셔츠에 레이어링하기 좋고, 해변가에서는 수영복 위에 컬러풀하게 연출하기에 그만이다.

# 101

# N2

N2

## 액세서리

해외 패션 서적을 보다 특이한 아이를 발견했다. 너무나도 사랑스러운 여자아이 캐릭터로 된 목걸이와 브로치였는데 매우 독특하다고 생각했다. 그리고 얼마 전 프레타포르테 컬렉션 취재 차 파리에 들렀을 때 그녀를 만나게 되었다.

〈올리브 쇼〉 기획으로 파리에서 활동하는 한국인을 인터뷰하기 위해 N2(앵 뒤)라는 숍에 들렀다. 그곳에서 마치 중국 인형같이 생긴 프리랜서 액세서리 디자이너 변주미를 만날 수 있었다. 너무나도 유쾌하고 쾌활한 그녀가 보여 주는 액세서리는 그녀를 닮아 너무나도 사랑스러웠는데, 내가 해외 패션 서적에서 본 그 귀여운 캐릭터 액세서리 또한 그녀의 디자인인 것을 알고 반가운 마음에 소리까지 질렀다.

변주미가 디자인하는 액세서리 주얼리는 마치 동화를 보는 것 같다. 『헨젤과 그레텔』의 과자 집이나 마귀 할멈, 『이상한 나라의 앨리스』의 카드 병정들이 그녀가 만드는 액세서리 곳곳에 등장하기 때문이다. 그런데 이렇게 동화 같은 캐릭터들이 그녀의 손길을 거치면 그저 귀엽고 깜찍한 것이 아닌, 유니크하고 세련된 스타일로 변신한다.

변주미의 개성 넘치는 목걸이나 귀고리를 그냥 캐주얼하게 즐기는 것도 좋지만, 오히려 마르탱 마르지엘라나 앤 드뮐미스터와 같이 아방가르드한 디자인과 매치하거나 진주나 다이아몬드 목걸이와 레이어링하면 더욱 세련되고 유니크한 분위기를 연출할 수 있다.

국내에는 아직 알려져 있지 않지만 런던의 하베이 니콜스, 파리의 프렝탕 백화점이나 르 봉 마르쉐, 도쿄와 홍콩에서 N2를 발견할 수 있다. 추위가 유난히도 심하고 길었던 겨울을 지나 봄이 오면 귀여운 캐릭터들이 아우성을 치며 말을 건넬 것 같다. "언니, 우리 좀 예쁘게 목에 걸고 봄나들이 가요~"라고.

# 서은영이 사랑하는 101가지

초판 1쇄 발행 2010년 4월 15일
초판 2쇄 발행 2010년 4월 26일

지 은 이 | 서은영
펴 낸 이 | 정상준
펴 낸 곳 | ㈜그책

기       획 | 정상준 김혜진
편       집 | 김현정 김경림
마 케 팅 | 박종우
관       리 | 최혜원
디 자 인 | ㈜꽃피는봄이오면
종       이 | ㈜타라유통
인쇄·제본 | 영신사

출판등록 | 2008년 7월 2일 제322-2008-000143호
주       소 | 서울시 강남구 논현동 30-6
전자우편 | thatbook@thatbook.co.kr
전화번호 | 02) 3444-8535
팩       스 | 02) 3444-8534

ISBN 978-89-94040-05-9  13590